吃
茶

CHI CHA

記錄一場百年風華

劉垣均

大學畢業後工作了十幾年，存了點積蓄後，開始思考著人生的下一步要做什麼。當時的我，意識到自己要有更健康的身心、更親近家庭、一個能簡單餵飽自己，有餘力又能夠幫助到其他人的事、想要興趣與工作結合。

這時想起了阿嬤家的茶園，「茶」成了我最好的去路。最幸運的是，這個決定家中長輩歡喜接受，即使收入差了天南地北。

初期為了了解更多茶的一切，我回鄉下找舅舅，隨口一問：「舅，我們家到底種了多久茶呀？」因為從我小時候看到這一片茶園，近四十年景色幾乎沒有變過，兒時印象阿祖扛著扁擔或是蹺著背走在去茶園的石子路上。小舅只淡定的說：「噢，從我有印象至少有一百多年以上了。」我瞬間瞪大了眼：「什麼？一百年！」小舅說：「是啊。」

像是發現新大陸一樣，又跑去在餵雞的阿嬤同樣的問題，阿嬤連正眼都沒瞧我，好似一副理所當然地說：「古早兜種茶了啦，哩阿祖ㄟ阿祖逃到山頂時就開始了啦。古早人卡老實，哩阿祖都不愛大都市，以前戰爭逃怕了，覺得到山頂有地自己種能吃能喝的比較實在，所以就一直這樣下去。」

我還是無法相信地，又跑去隔壁問了鄰居老阿嬤。鄰居阿嬤也是超淡定的說：「齁，哇細漢ㄟ時候，只庄有你家種茶啊。後來有人來討茶苗，才慢慢擴散到山腳下。」

對話結束後，再看看時空彷若都停止一般，沒改變過的鄉村景色，難以想像我從小習以為常的茶園竟然見證了臺灣茶葉的發展史。但家中過去只務農種茶從未替自己起任何商號，在鄉下都直接「喊名字」，我覺得不可思議，外面的文創品牌打戰成一片，他們老人家似乎依舊與世無爭，覺得有沒有個名字都不重要，有沒有被記得也不重要。

心中泛起了片片漣漪，希望用自己一絲絲不起眼的力氣，替這些老人家們記錄下他們一輩子從年輕到老的付出，這些付出成就了大稻程的風光、成就了臺灣外銷的偉業、翻轉了世界版圖。

好好吃、好好喝，是生活最重要的事

吃喝是人生最重要的事，好好進食是人賴以為生的基本，不僅要吃得美味，還要吃得健康。除了滿足身體的渴望，更想理解食物背後的風土人情與感動。

著手構思兩年，我和 Jeff 決定忠於自己，以直接的文字影響身心各層面的思考和體會，當身體感受到簡單美好，就會自然昇起力量，請跟著我們把心和嘴打開，從料理、甜點到生活，一起來吃茶。

當年開始學茶時，想從枯燥的各種名詞中找到些樂趣。而每一次喝茶，嚐茶味三巡後，總想要來點吃的墊墊肚子。於是乎，我和 Jeff 就開始一茶一食的搭配，不一定侷限在點心，也可以是一道簡易的料理，有時就是看冰箱有什麼就做什麼，不設限哪種菜系，一切天馬行空，我們認為只要在這地表上能產出的物料，配合適當地處理，都能夠搭配茶，這概念就跟餐酒一樣。

而這樣的想法，擴充到日後的大大小小活動中，無論是正式餐會抑或教學，茶餐搭配的模式，有「山頂上的黑狗兄茶會」、「上山春宴」、「英倫紅茶會」、「四序茶會」……，不下數百場茶食活動，都成為了人群間有趣又新奇的美好回憶。我們勇於嘗試各種不同的物料搭配各種不同的茶，每一次都像是發現新大陸一般，都是一場驚奇的五感之旅。

茶與食的組合成為了我們和朋友間的交流模式。彼此變得更貼近，茶逐漸成為生活中不可或缺的一部份。如此有趣生活化的模式，吸引很多年輕人參與，我們希望用這樣的模式，彌補目前臺灣茶藝文化傳承的空前的大斷層，把年輕人的迷惘與老一輩的抱怨化解開，期待這本書，讓更多人了解，其實喝茶是一件很有趣的事，傳統中帶著新穎的生命力，也是屬於臺灣最有力道的精緻文化。

從身體裡生出柔軟又堅韌的力量

不要小看茶，一片茶葉可是改變了世界版圖兩次。一次鴉片戰爭；一次是美國獨立戰爭。是過去一項重要的戰略物資，以茶制夷、以茶創業，更是翻轉了全球經濟體的重要物資，這一切，無不與那一片輕細軟柔的青青嫩葉有所關聯。

茶，說深不深；說淺不淺。從千古年前如藥草般地混搭飲食，尊貴如金，至今日人手一瓶銅板入手。是僅次於水，在人類歷史上喝得最多的飲料，而且還是現在進行式。

臺灣在全球茶區中占舉足輕重的地位，擁有傲視全球最先進的製茶技術及人才，製造出的臺灣烏龍更是風靡全球，知者老饕們莫不飛越千里來臺灣找茶。

Supreme

正 安
(04)7982116

推薦序

臺式茶食享譽世界

臺灣有非常特殊的茶文化，飲食更是融合了多元的異國特色，亦如臺灣本身。現今眾多茶人們困舊於茶與食是否要單獨或雙軌併進之時，這樣的難題之於許多美食鑑賞家或廚藝大師，亦有相同處境。

飲食，是生命的一個基礎。食物與飲品兩者的結合，會加乘出對於彼此更好的讚譽。茶食搭配的主題，是目前茶產業很需要被提及的一環，而此書正是對此最佳詮釋。

二〇一一年，當我與Gil第一次相見，當時她只是我的學生。對茶學已經有一定的程度的瞭解，她相當積極渴望學習更多茶文化與專業的茶學英文術語。其後，她與她夫婿Jeff一同展演了茶與食。Jeff曾於海外深造，也曾是個廚師，在這樣的背景下，倆人一同創造了新奇的五感境界。

我真的很開心能看到這本書的出現，書中用時髦摩登的方式去了解與分享臺灣茶文化，讓年輕世代有機會接觸到。臺灣有多元豐富的茶種，也是世界一大美食之都，除了結合傳統的臺式文化外，還有數世紀以來受到多元異國文化的影響，這都提供了Gil和Jeff許多的創新的想法，並應用在此書中。期盼每個人都能夠開心沉浸在此書中，就如同我一樣。

史迪芬·瓊斯
國際知名茶學專家．漳州科技學院茶學院．講師

Taiwanese has a very special tea culture. Food and especially the fusion of many different ethnic varieties; are synonymous with Taiwan. While many tea connoisseur and tea masters stress that tea should be experienced purely and separately. Maybe just as much as true food connoisseur or specialty gourmet chefs.

Food and drink are a basic necessity of life itself. And with the marriage of both, complimenting and accenting each other to bring out the best in them. The subject of pairing foods with teas, is a much needed subject to be written about. And this book accomplishes that.

In 2011, Taipei, I remember Gil from when I first met her; she was my student. She was already knowledgeable about tea. And she was eager to learn more about tea culture and its specialized tea terminology for English. Together with her husband Jeff have worked to explain and present tea and food together. Jeff has studied abroad and also a chef, brings together in a new and exciting taste.

I'm really happy to see this book. As it reaches out to young people with a modern approach to sharing and explaining Taiwanese tea culture. Taiwan has many types of teas and a food capital of the world. Blended with traditional Taiwanese culture and the variety of the foreign community that has influenced the island centuries, and wrapped up together with the innovation of Gil and Jeff and presented in this book. I hope everyone enjoys this book as much as I have.

Steven R. Jones, Instructor
Tea College, Zhangzhou College of Science and Technology

Steven Jones

茶的基本知識

知道了才內行的茶葉門道

有限公司・客服專線：〇八〇〇二二一〇二九・電子信箱：service@bookrep.com.tw・網站：www.bookrep.com.tw／**印製**・通南印刷股份有限公司・電話：（〇二）二二二一三五三二／**法律顧問**・華洋法律事務所・蘇文生律師／**定價**・三三〇元／初版一刷・二〇一七年六月初版三刷・二〇一九年五月／缺頁或裝訂錯誤請寄回本社更換。歡迎團體訂購，另有優惠，請洽業務部（〇二）二二一八一四一七・分機：一一二一、一一二四／特別感謝：當代國際Euromobil、Domo 義大利鍋具

聰明選、聰明買、聰明喝！

茶在生活中的應用

茶食提案

吃茶・品茶品心，有滋有味

作者・張智強、劉垣均／**設計**・野生設計國民小學／**插畫**・周亞萱／**攝影**・王正毅、張智強、劉垣均／**行銷企劃**・林佩蓉、林裴瑤／**副總編輯**・陳毓葳／**業務副總**・李雪麗／**社長**・郭重興／**發行人兼出版總監**・曾大福／**出版者**・奇点出版／**發行**・遠足文化事業股份有限公司・二三一新北市新店市民權路一〇八之二號九樓・電話：（〇二）二二一八一四一七・傳真：（〇二）八六六七一八九一・劃撥帳號：一九五〇四四六五・戶名：遠足文化事業股份

茶的基本知識

The Basics

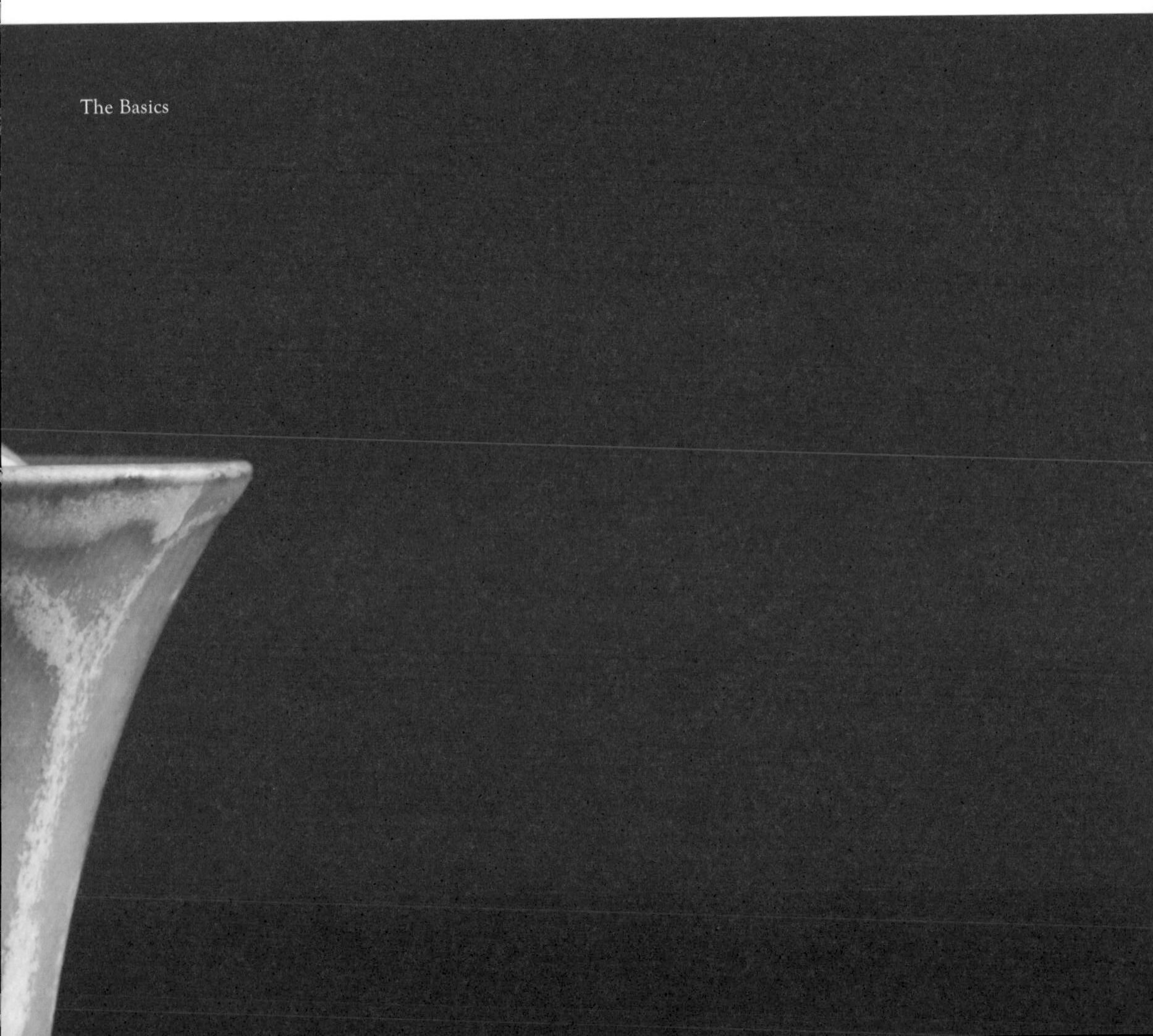

很難想像，世界地圖與權力軸心，因為一片不起眼的「茶葉」而徹底改變。這令人咋舌的龐大利潤與商機下，在百年前中英雙方為此而興「鴉片戰爭」，美英雙方更因此而有了「波士頓茶黨運動」，直接影響了美國獨立革命。茶，是人類歷史上，僅次於水被飲用最多的物料。茶，有各種可能性，超乎你所想像。讓我們從一顆茶籽的形成、品種、歷史、貿易發展，乃至食用養份，有全方位的了解和認識。

茶

什麼是茶

「茶者，南方之嘉木也，一尺二尺，乃至數十尺。」自千年前神農氏嚐百草，一日遇七十二毒，得茶而解，至發展為一種在桂宮蘭殿中細膩品賞，遙不可及的貴族文化儀式。乃至成為現代人在忙雜生活中，成為靜定禪韻的內心力量。學茶與茶學中，農業、科學、文化、歷史、美學，千年來贅述不完，加上氣候的變遷與人類需求下，也許好幾個世紀後，人類依舊對於這個充滿神性的產物，依舊擁有著好奇心，像是另類神秘學一樣，也就是茶如此奧妙之處。

無性繁殖為扦插、壓條。

有性繁殖以茶籽播種。

茶為多年生木本異交作。

老天爺給的華麗又樸實的瑰寶

到底什麼是茶？這句話問每個人都有不同的見解。茶人說是沈靜的力量；禪修者說是身心合一之物；商人說是投資標的；閒情者說是優雅確幸；運動者說是解渴……，無論如何，萬千年來，這作物未曾脫離人類歷史，從一杯茶價比金高，演變千年後成了用銅板輕鬆可得的手搖茶；一棵茶樹從生至死；由外至內，都擁有高度的經濟價值，看不盡的秘密，外表看似樸實，但內涵卻繽紛華麗，奔放千變。

茶葉學名

茶，山茶科山茶屬，為多年生木本異交作物，有常綠喬木或灌木型態，野放自然生長可達七尺多，繁殖方式分有性繁殖（以種籽播種）及無性繁殖（扦插）。以有性繁殖會造成後代與親本型態差距甚大，因此目前作為經濟作物之茶樹，為了品質與製作穩定，多數以無性繁殖為主。

有性繁殖：即以種籽直接播種，如蒔茶

無性繁殖：扦插、壓條，如一般飲用烏龍茶

山茶科茶樹×油茶樹×澳洲茶樹

許多人搞不懂一般喝茶的茶樹和市售澳洲茶樹精油的茶樹有何不同？

澳洲茶樹。

油茶樹。

一般烏龍茶樹 。

飲料用：烏龍茶的茶樹是山茶科山茶屬，全株皆有經濟價值，其葉含有兒茶素，故可製茶使用。其籽亦可榨油，一般稱作「茶籽油」。

油茶樹：山茶科山茶屬，分為大果與小果，其葉不製茶，其籽專榨油用，通常稱作「苦茶油」，或是「山茶油」。

澳洲茶樹：屬於桃金孃科，其葉可煉製精油。古時原住民稱 Ti Tree，音混淆後，後人直接稱作 Tea Tree，但是與我們飲用的茶樹完全不同。

茶葉原產地

雖說此點一直有爭議，但隨著科技進步，考證後認定茶樹起源是在目前的中國西南地區，以雲南、貴州、四川、廣西等地，以此為輻射狀開枝散葉至全世界。

茶葉品種

落地變異造就茶葉世界的繽紛多元。可分為「大葉種」、「小葉種」。

葉種分別

大葉種：單層柵狀組織、不耐寒，多酚物質高，單層適合做全發酵紅茶。大葉種品種如：阿薩姆、佛手、紅玉。

小葉種：多層柵狀組織、耐日曬、耐寒，葉綠素較高，適合做不發酵綠茶及部

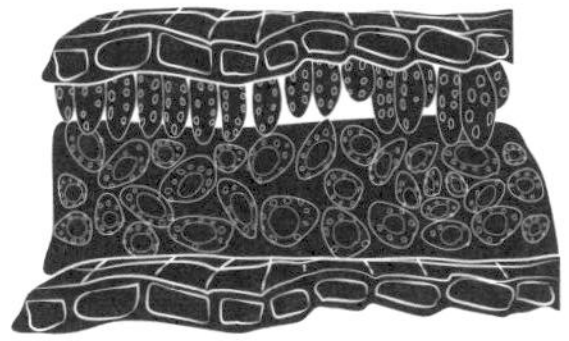

大葉種柵狀組織。

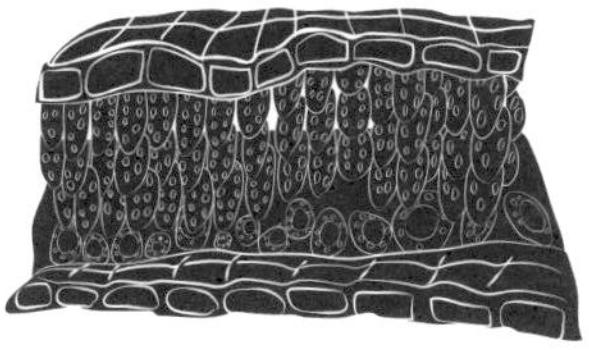

小葉種柵狀組織。

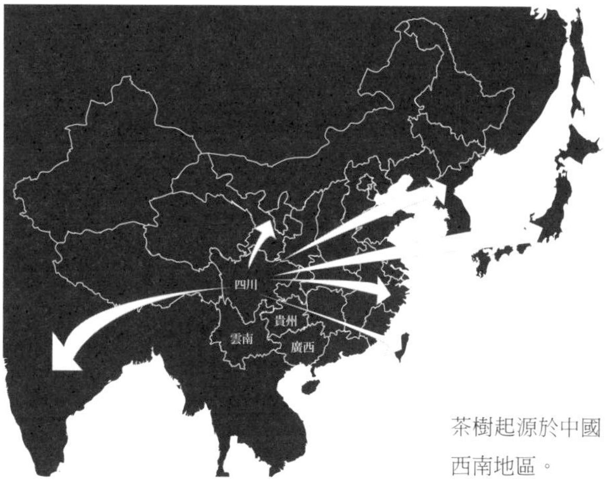

茶樹起源於中國西南地區。

分發酵茶青茶。小葉種品種如：四季春、金萱、青心烏龍。

史

茶史：一葉飄入千年悵

人們何時開始發現「茶」，以及開始使用，到最後呈現多元的文化儀式，至今尚無一個明確答案。植物學的推演上，山茶科在地球上已經繁衍了六千至七千萬年，而人類文明中的文字記載中以《詩經》為最早始見其記錄。西元前一一二二～五七〇年的《詩經‧邶風‧谷風》中提及：「誰謂荼苦，其甘如薺」，當中的「荼」字，就是「茶」字的前身。

神農氏遇毒得茶而解 。

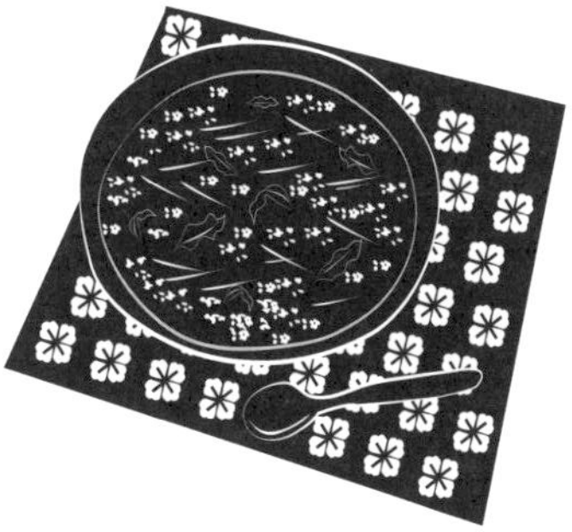

茗粥即為茶入粥。

唐代前：茶茶之為藥

魏晉南北朝到唐代前，茶就是食材是混搭烹飪美學的一環，直接將茶葉摘來入菜，或搗成汁，有時混搭的方式，和薑或是其他食材一起煮，吳人稱為「茗粥」，在藥草學中也算是食療的一方。《神農百草經》中記載：「神農嘗百草，日遇七十二毒，得茶而解之。」，是明載了是茶葉之始為藥用。

唐朝：茶、酒器分家，茶器統一，茶文化產生

在繁盛瑰麗的唐代（公元六一八至九〇七年），萬事富裕，百花齊放，茶從王公貴族走向平民百姓。茶葉從藥品成為了流行飲品。也在此時，「茶」這個詞開始普及化。歌舞昇平的年代，人們有了閒錢，酒飯飽足後，不外乎就是就是開始尋求發展文化與精神層面的提升。也因此茶的製作與加工規格以及儀式逐漸複雜，以滿足人們的精神與口感上多變的需求。

茶聖陸羽撰寫茶經

《茶經》一書便是在這絢爛又目不暇給的華麗年代下，孕育出流傳千年至今仍適用的茶葉相關知識。古時沒有精準的化學名稱，但當時《茶經》所記載茶的

唐代茶聖陸羽編寫《茶經》，一生傳奇。

起源、特徵、加工方式、器具、沖泡、茶具、水質、茶…等，至今讀來依舊是樣樣精準，輝煌讚嘆，無人能超越。

唐代所喝的茶以綠茶為主，也因為運輸和社會形態不同，要求的茶性發揮以及文化展演乃至茶具形式和現代大相徑庭。陸羽完整定義了唐代茶具的規格以及名稱，讓「茶」從料理中單獨出來，不再是眾多料理中的一種，而是有自己的「道」途、目的性與文化維度。

而當時因為製茶技術尚在萌發中，茶葉採摘後，必須先將茶葉製作成茶餅，要喝的時候，再碾開磨成細粉再進行烹煮，費功耗時，以現代的角度來看，可說是口口珍貴啊！

奇才茶聖陸羽

陸羽稱之為茶聖，實至名歸。他畢生花了二十六年，完成了千古巨作——《茶經》，是古今中外第一本將茶抽離出料理雜食之範圍，有系統的從種植到文化儀式之標準定義。至今，依舊是中外所有習茶者之圭臬。

一生傳奇的陸羽，是個孤兒也是個奇才。被智積禪師撿到，由檀越李儒公撫養至七、八歲時，由於李儒公告老還鄉，於是陸羽又搬回寺院和禪師一起住。自小叛逆的陸羽不願剃度，還自己替自己用易經卜個了「鴻漸於陸，其羽可用為儀。」之卦，自行改名換姓，從姓「李」的變成姓「陸」了。始終不願出家的陸羽在十二歲時逃出了龍蓋寺，遇上了戲班，就毛遂自薦當了個戲班子，喜愛

知

古早的茶餅怎麼做

壹
採摘茶葉。
貳
將茶葉蒸熟。
叁
趁尚有水氣時，將茶葉搗爛。
肆
將軟爛的茶醬倒入模型。
伍
把茶餅串在一起烘烤。
陸
茶餅完成囉！

知

唐代煮茶法

壹
備茶，用竹夾將餅茶放在風爐上烘烤，水氣散透後放於紙囊中，以免氣味散出。

貳
將茶餅放置茶碾中。

叄
將碾好的茶粉置於羅（篩子）中，將雜質篩掉。落下的細粉會置於合（盒子）中。

肆
使用風爐將茶釜中的水煮沸。

伍
和宋代不同，唐代是水滾了先灑點鹽花，再將茶末倒入。

陸
分茶時沫與餑必須比例平均。

茶百戲是宋代點茶後以茶針於乳沫表面刻劃出圖案。

演丑角，腦袋總有各種想法的他，當時還寫了三卷笑話書，稱之《謔談》。

唐天寶五年（西元七四六年），竟陵太守李齊物在一次聚飲中，十分欣賞陸羽才華，推薦他到隱居於火門山的鄒夫子學習，自此開展的陸羽一生對茶的鑽研。也在那次的機運中，陸羽結識了更多儒士能人，也開展了畢生對茶極致風味的旅程。

以現代的角度來想，哪個七歲孩子能用易經占卜，還給自己改名換姓，二十初頭時以與許多文人雅士遊歷大江山水，品茶鑑水，在二十七八歲時就開始著手撰寫千年不墜的史詩大作，一寫二十餘年不間斷，最終成為千年名著。也許，我們對於學習的定義自古至今都過於狹隘，或許下次看到有孩子專注於某個領域時，只要不是壞事的前提下讓他好好發揮，說不定又會是另一番壯闊天地啊！

宋代：人文薈萃，點茶興起，東傳成為抹茶道

宋代時，茶藝文化的發展達到的輝煌無比的程度，文人仕紳興起，到了南宋點茶法大行其道。宋代的點茶法，經由日僧的傳遞，到了日本進而成為了抹茶道。而宋代生活中的四藝之一，茶藝、花藝、鑑古、品香合稱為「四般閒事」。也象徵著宋代輝煌極致的人文發展和歷史背景。

知

宋代 點茶之趣

壹
備茶，將焙好的茶餅用絹紙包住，然後用錘子搗碎。

貳
將搗碎的茶放入茶碾或是茶磨中，再度精研成更細的茶末。

叄
將碾好的茶粉置於羅（篩子）中，將較粗的茶角篩掉。

肆
預先溫碗，以防溫差過大器皿易破裂，之後再將茶末倒入。

伍
和唐代不同，宋代是茶末先入再注水。這個動作稱為「點茶」，因為注水與落水的力道要講究，抑揚停頓都很重要，否則會破壞茶質與口感。

陸
此動作稱作「擊拂」，用意在於使茶末和水徹底交融，且能見湯花。

柒
將擊拂完成的茶，至於茶托上。宋代的茶托多為漆製，造型特殊，設計也很有智慧，方便拿取，也防燙手。

蓬勃多元的社會，也興起了鬥茶的風俗。宋徽宗自己更是寫了一本《大觀茶錄》，將茶器中的各種規格和定義，更詳加描述。而值得一提的是，還有審安老人的《茶具圖贊》，這是一本有趣的古代茶具教課書，值得一探。審安老人真實姓名不詳，但在宋咸淳宗五年（西元一二六九年）將所有宋代的通用茶具畫下，並借用了聲音或是皇家官職來有趣詮釋了茶具的每項功用，還賜以名字號，見字號即知其功能。就像治理國家般，每個茶具也得要好好各司其職的好好上班，才能給泡好一杯茶，以現代的角度來看，也是一項很有想法的文創啊！

《茶具圖贊》的「十二先生」

姓名：韋鴻臚
官職：鴻臚，掌茶祭禮儀機構
茶用：烘茶爐
註：在朝廷上負責傳話，嗓門特大聲的官鴻臚。就叫諧音「烘爐」。「韋」是指「蘆葦」，形似編織烘爐的竹篾。用竹簍子罩住火源，防止茶葉被火苗燒壞。

姓名：木待制
官職：待制，皇帝顧問
茶用：茶桶與木槌，用以搗茶
註：身為皇帝的顧問，性格當剛正直，若見不平，當下鎚警示。

姓名：金法曹

知

《茶具圖贊》的「十二先生」

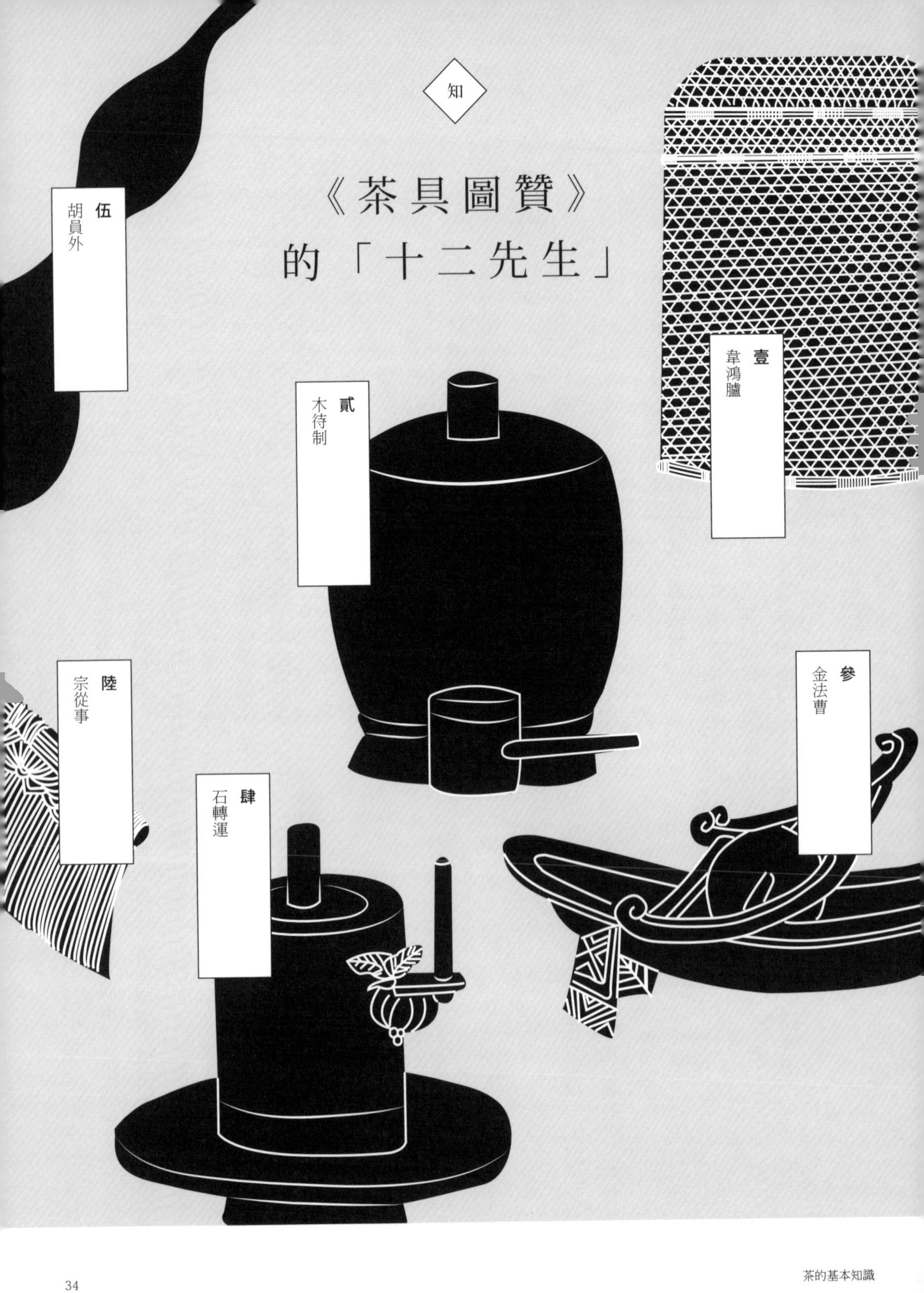

壹 韋鴻臚
貳 木待制
參 金法曹
肆 石轉運
伍 胡員外
陸 宗從事

柒
漆雕秘閣
拾
竺副師
捌
陶寶文
拾壹
羅樞密
拾貳
司職方
玖
湯提點

官職：法曹，掌管司法
茶用：碾茶槽，將搗碎的茶磨碾得更細。「曹」就是指碾茶的凹槽
註：將茶越磨越細，就如同細心頗析案情的司法官。

姓名：石運轉
官職：運轉使，負責交通運輸
茶用：茶磨。與碾茶槽同一功能
註：這茶在石磨中轉來運去，就如運轉使調度交通一般，

姓名：湯提點
官職：提點，提點刑獄公事的簡稱，掌管刑獄事務
茶用：水瓶
註：古代熱水稱之「湯」，審安老人借了「提瓶點水」之意。

姓名：漆雕秘閣
官職：秘閣，圖書管理員
茶用：茶托
註：宋代茶托多為漆器製，擬了「擱」的音，表示茶碗得擱在上面。

姓名：羅樞密
官職：樞密，為古代軍事官職
茶用：篩茶用之茶羅
註：樞密者，必須心思縝密，如同茶羅上的小孔般，細密篩選。

姓名：宗從事
官職：從事，為八品官，專門輔佐州官
茶用：茶刷
註：「宗」是借指茶帚的棕絲，茶刷就是在使用茶羅後，輔助侍適茶者蒐集散落其外的茶粉。

姓名：胡員外
官職：員外，為編制之外的郎官或地方士紳富翁
茶用：茶瓢，舀水之用
註：古代多用葫蘆剖半做瓢，因此就以此為姓。

姓名：陶寶文
官職：寶文，皇家圖書管館長
茶用：茶碗
註：以寶文一職成日埋首萬千書冊，意喻茶碗多變的紋路與樣貌。

姓名：竺副帥
官職：副帥
茶用：茶筅
註：點茶時，有「拂」、「甩」動作，讓茶筅順勢就成了「副帥」。

姓名：司職方
官職：職方，掌管各地獻納貢品

漢族以茶換藏人戰馬。

茶用：茶巾

註：司，借了「絲綢」的音，方，又意指「方巾」，與職方一職呼應，頗有意思。

明朝：紅茶出現，精簡茶具，壺以小為貴

從唐代到明代，已一路發展了近八百餘年。此時的明代，商貿繁達，文化逐趨通俗，人們開始尋求效率、快速。於是乎，為了解決茶葉因長途運送而失去風味與香氣的問題，發現高度發酵的茶質穩定性比綠茶高，因此紅茶因由產生。

間接地又發現利用在花朵熏香在茶中，不致氣味掉失過快，故花草茶也開始流行，逐漸流傳到歐洲後，廣受歡迎。為了提高飲茶的便利性提高，如唐宋那樣細緻磨來碾去的費時耗工，已經不符合當時社會節奏及快速的生活步調。

到明太祖時，發布詔令，廢團茶、興葉茶，「炒菁」也開始加入到製茶工序中，而從此貢茶由茶餅改為散葉茶。

由於茶葉成品形態改變，也直接影響了飲用習慣。茶具與茶儀形式也趨向精簡快速，流行「瀹飲法」，也就是現在所說的壺泡法。這樣的改變下，壺的尺寸越小可越尊貴，一來茶席上看起來細膩優雅，一來泡茶風味也較容易掌握。

花茶興起三才碗。

柔軟之茶曾撼動世界，價比金高。

清朝：茶葉版圖改變，蓋杯顯富貴

清朝（西元一六四四～一九一一年）是中國茶葉在歐洲市場最為熱絡的時期。康熙年間英屬東印度公司開始大量採購中國茶並運送回英國，之後並開中國內地茶葉直接銷往英國市場之先驅。而茶葉到了清代後期，成為了重要的出口貿易商品，柔軟之葉，價比金高。不過，光緒十二年（西元一八八六年）成為了一個重要翻轉的分水嶺。

由於當時中國系統化的發展製茶工藝與貿易輸出，在光緒十二年（西元一八八六年），年出口量達到一三．四一萬噸，創下茶葉出口的最高峰，以茶換銀、以茶創業成為了全民運動。殊不知，在這極大的貿易逆差下，英國已悄悄派遣植物獵人在印度植栽中國茶苗，並且成功複製了製茶技術，打斷了近兩百年獨家壟斷的茶葉貿易，歐洲各國已不再依賴中國出口的茶葉，反向印度、錫蘭開始購茶，從此再度展開了另一頁世界樣貌。

而拉回生活的場景時，常看宮廷劇的朋友，應該都會注意到，劇中上至皇帝，下至民間員外，只要是皇親國戚；富商巨賈，談事情時總都要來一杯茶，而盛茶的工具，多數是蓋碗，蓋碗，又稱作「蓋杯」或「三才碗」。當然，這樣喝茶的方式是更為簡便，瓷器散熱快，不怕把茶葉悶壞，加上當時清代北方開始流行起喝花茶，由於蓋杯的口徑較大，觀賞與品嚐上也較方便，加上有杯托隔熱，也能避免燙手，仕女們喝起來更能顯得婀娜嬌貴。

文

茶文化的流傳

茶文化的流傳，從單純被當作食材、到解毒的良方、延伸至精神層面的文化儀式。茶，從歷史的演變到文化的傳承，不管是東西方，都各有精彩的故事。茶到了西方成為了英式下午茶，成為了冰涼的甜茶。在東方則是文化儀式如花綻放，有日式的茶道、中式的茶道、臺式的雙杯式泡茶法。茶文化，同時也是人類文明發展的演變史。

十七世紀貴族瘋品茶。

茶在歐洲

茶被帶到歐洲大約是在十七世紀初期，當時荷蘭及葡萄牙兩個國家都與中國有著海上貿易，他們起初是進行絲綢、綿緞和香料貿易，不久又開始了茶葉貿易。荷蘭把茶葉轉而輸出到義大利、法國、德國和葡萄牙。並引起法國人和德國人的濃厚興趣，但茶在歐洲尚未被列入普及的日常飲品。

西方開始揭開東方的神秘面紗時，隨之而來就是更頻繁的國際貿易。東方新奇又充滿富饒的物資國度，引得西方如見萬花筒。一六五八年，茶首次出現在英國的歷史記錄中。當時以茶的稱呼用「Tcha」、「Tay」、「Tee」，還化身成了無所不醫的神奇東方藥草。

到了十七世紀時，茶這個物資徹底的從妾身未明，讓商人們講得天花亂墜的炫麗瞭目的二線花旦般，因為一場新皇后的登基，徹底翻轉成為優雅華貴的高端上流飲品，氣質和身份瞬間如跳躍到如奧斯卡女主角一般的奪目雍容，矗立了日後百年「茶」為上流時髦文化品的定位。

西元一六六二年，當時愛好飲茶的葡萄牙公主凱瑟琳下嫁英王查理二世，成了英國的新皇后。凱瑟琳對東方文化的喜愛，嫁妝中帶著正山小種的紅茶，把東方茶當作頂級禮品招待王公貴族，在皇后的影響下，從此「茶」這種飲品開始在貴族與富人間流傳。甚至到了十八世紀，茶在英國的地位超越的酒，各種優雅茶的儀式也相進展開。

優雅的英式下午茶。

傲嬌優雅的下午茶

雖說凱瑟琳皇后帶動了飲茶新風氣，但在當時終究只是小眾中的小眾，也未有一個固定的茶儀式衍生。直到十九世紀安娜公爵夫人，改變了這一切，也影響至今那優雅的英式飲茶風格。在十九世紀時，王公貴族間的午餐和晚餐的間隔很長，通常中午十一點吃午餐，到晚上八點多才吃晚餐。一八四〇年時，一位貴族公爵夫人安娜，是貝德福特公爵的第七位夫人，她為了要解饞，一開始時請家僕拿壺茶和烤幾片麵包到她房中充饑。不久，這種愜意又帶著貴族高雅氣氛的下午茶活動逐漸擴散出來，讓所有倫敦的上流人士都沈迷其中，逐漸發展出英國人獨特的優雅慢活的下午茶文化。

而傳統又經典的英式下午茶，都會有三明治、司康及蛋糕。一般還會在附上奶油、果醬……等，在這樣的基礎下，還可以再加上其他喜愛的點心，一口茶、一口食，愜意高雅，享受生活。

茶在亞洲

開門七件事：「柴米油鹽醬醋茶」，簡單的一行字，卻直接說明了茶在我們日常中所扮演的角色，從皇家高端的收藏品至平民百姓的日常飲料。亞洲是茶樹的發源地，也是茶文化發展的重鎮。

古早山茶非經濟作物。

茶到了臺灣，發展出自己體系並享譽全球的烏龍茶；茶到日本，茶禪合一的侘寂與麁相使人靜定；茶到了印度，阿薩姆紅茶的強烈讓茶有更多調味風貌。

茶在臺灣：福爾摩沙的茶路三百年

臺灣本身有野生山茶，但何時開始開始栽種，無法得知。最早最早的文獻記錄是出現在三百多年前，荷蘭時期，荷屬東印度公司的「巴達維亞城日記」，西元一六四五年三月十一日記載著：「茶樹在臺灣也有發現，為似乎與土質有關……」，雖是輕描淡寫的一筆，卻為臺灣茶史的重要開端。

所謂的「巴達維亞城日記」，為荷蘭人統治臺灣三十八年間，在大員（今臺南安平區，安平古堡遺址）建造熱蘭遮，而當時的荷蘭聯合東印度公司為確實掌握殖民地狀況，要求各分據點逐日記載殖民地大小事件，經巴達維亞轉送回荷蘭母國，而巴達維亞就是現在的印尼雅加達。裏面記載當時臺灣的管理及當時各地情勢、航運貿易活動……等，亦可見許多關於原住民活動的記載。

自荷蘭、西班牙時期至清初，臺灣的原生山茶並未開發為經濟作物，僅為原住民作日常飲食之用，並無系統化的經濟量產。當時許多西方的海上強權，皆以太平洋與印度洋上的島嶼做為東西方交易的中樞所，而臺灣當時的角色就是扮演著這樣中繼站的角色。雖說臺灣本地有山茶樹，但該時期因為建設、技術、人才缺乏，也較少人會想到要在臺灣種茶。直至二百餘年前，才陸續有文獻記載有引自福建的茶苗與製茶師傅，開墾臺灣茶園的栽培記錄。

中、臺、日貿易，古早商船載茶葉。

到了康熙年間，根據諸羅縣誌（西元一七一七年）記載：「臺灣中南部地方，海拔八百到五千尺的山地，有野生茶樹，附近居民採其幼芽，簡單加工製造，而作自家飲用。」而根據淡水廳誌中記載：「貓螺山產茶，性極寒，蕃不敢飲。」這種野生茶就是所謂的「山茶」，目前仍可以在臺灣中南部山區發現這種野生茶樹，但與目前普遍的飲用茶是不太相同。

時間一路到了西元一八六六年，淡水當時已成為北臺灣很重要的國際港口，負責進出口茶葉與許多經濟作物。而卸貨的口岸還包含了大稻埕與艋舺。而當時的臺灣，已經成為了大陸沿岸移民者與冒險者的新故鄉。臺灣富饒的物資還有多樣的地形，豐厚的水利資源，讓許多洋行紛紛設立。也在此時，吸引了愛好冒險，與勇於嘗試的蘇格蘭籍商人，約翰．杜德來臺。

西元一八六六年，約翰．杜德於淡水設立了「寶順洋行」，與其買辦李春生，兩人對臺灣茶業發展有很大的貢獻。他倆移進茶苗、提供技術指導、收購茗茶、設精製廠並勇於推廣外銷，在當時臺灣烏龍茶尚未成為主流的時局，兩人克服了茶農的不信任、香港洋行茶檢的刁難、還有種植技術的不穩定性，最終在西元一八六九年順利將臺灣烏龍茶以「福爾摩沙茶（Formosa Oolong Tea）」行銷至美國紐約，就此開啟了大稻程與臺灣茶業的百年風華，也讓世人認識了臺灣烏龍茶，至今依舊風靡萬千愛茶者。

而所謂的番庄茶，為臺灣烏龍茶的第一代樣貌。以源自武夷茶的工藝，屬於發酵度高的烏龍。在當時有分二十二種品級。而以一芽一葉所製成，且當時的鑑別分數達九十分以上者，稱之為「膨風茶」，或稱「白毫烏龍」，也就是現今

淡水港口曾為福爾摩沙茶最重要之出口港。

常聽到的「東方美人」。

而一路發展到了日據時期。此時茶葉技術開始朝多元發展，日人亦積極拓展茶園面積，從西元一八九五年的約二萬五千公頃，到一九一九年的四萬七千多甲，而除了外銷的烏龍茶與熏花包種茶外，西元一九二六年日人更從印度阿薩姆省引進茶種，在魚池鄉試種，成效卓著，於是積極推廣紅茶，成為了臺灣另一項的特色茶。

民國五十四年，臺灣紅茶出口量超越了綠茶。然而，此光景並沒有持續多久，面對印度與斯里蘭卡的紅茶的量產競爭，臺灣茶葉出口節節衰退，於是當時的農林廳積極將外銷市場轉移為內銷，除了提高品質外，並開始大量舉行展銷活動，也開始了比賽茶的形態，大幅提升製茶品質，根林啟三所著《南投縣茶業史》中紀錄指出，光復後，至民國四十年六月，才由南投縣農會主辦「南投縣第一次優良茶比賽」雖說當時僅有二十八件茶樣參選，但卻為日後臺灣大小比賽茶蓬勃發展之始，現今有各大農會、茶商公會、合作社……等，二〇〇七年的鹿谷鄉農會，民國九十六年的凍頂烏龍比賽，締造了五千一百八十九件比賽茶樣的世界紀錄。

茶在日本：侘寂（Wabi-sabi）與麁相　不完美的寂靜完美

日本茶與茶道，源自於唐朝。在第七世紀時，唐朝的經濟乃至國力，都為霸制東方的主流文化，日本派遣唐使與之交流，日本傳教大師最澄及禪師榮西將茶葉種籽及製茶技術帶回日本。至宋代時，點茶法逐漸東傳，演變至今成為日本

茶藉由日僧傳至東瀛。

茶道展演形式。

在日本戰國時代的茶道家千利休，創造了侘寂一詞。侘び（WABI）在日文中原指「樸實、簡單、粗糙」，引申至茶道上的清淨、和寂。寂び（SABI）指「鏽化、舊化」，引申至茶道上對於時間流逝的欣賞，即使那物體已外表斑駁，褪去花華。侘寂（Wabi-sabi）一詞，受到佛教三法印派之影響，即「諸行無常、諸法無我、涅槃寂靜」，接受一切的不完美與和無常，將其茶的性格與變化，加諸於茶道中，並接納自然萬物一切的改變，珍惜當下，陋外慧中，即為「麁相」。「麁相」，「上をそうに、下を律儀に」，表「外表粗糙，內在完美」，萬物瞬變，應直指本質，無需過度裝飾，更會因時光的累積而形成不造作的震撼之美。最終，這一切造就了「和敬清寂」的日本茶道精神。與自然萬物的「和」諧；與茶席間賓主的尊「敬」；「清淨」無垢的心念；無始無終之「寂」靜時空合一。

而日本茶道深受唐代禪宗影響，僧人飲茶歷史悠久，因茶有清明思緒之效，茶味前苦後甘，修心方得其味的特性，因此古時僧人種茶、製茶、習茶，列為修行的功課之一，久了之後，「茶禪一味」也逐漸成為了茶文化的重要精神指標之一。

茶在印度：植物獵人改變了茶葉貿易版圖

十九世紀初期，由於中英之間因為茶葉的貿易造成巨大的貿易逆差，中國掌握著全世界獨一無二的資源——茶葉。當時茶葉貿易僅能使用白銀交易，因此

英國植物獵人假扮成中國人偷茶苗。

造成英國白銀不斷外流，因此英方只好想辦法從印度輸出鴉片至中國，因為如此，引發起了鴉片危機。

而一九三〇年代，由於英方看到中方「以茶制夷」的策略，深怕被中方過度的箝制，同時又害怕中國向日本一樣，施行鎖國政策，那物料的取得上就更顯頭痛，因此當時鼓勵所有殖民地另闢茶園，生產出可以飲用，且穩定供給皇室的栽培地點，是一個極高的效忠行為，因此積極的取苗與學習製茶工藝成了很重要的任務。

英方多次派遣植物獵人福均到中國盜取茶苗，有趣的是，福均為了要規避中國政府的檢查，還特別去喬裝成中國人，把自己留了個長辮子，也把前額的頭髮給剃了，當時多數人未見過真正的洋人，只覺得他長相略不同，竟也蒙混過關。福均進出中國多次再加上買通的幾個茶工，將中國的製茶技術與品種成功地移植到了印度，並且在英商的全力支持下，印度成為英國的另一主要茶葉供應來源，並從此打破了全球茶葉的供應鏈，影響日後至今所有茶葉交易的方式，此後茶樹栽種，又擴展到了印度其他地區與錫蘭島，西元一八三八年，產自印度的第一批茶運抵倫敦。

波士頓茶黨丟茶抗英。

茶在美洲

隨著英國人移民北美，茶葉因此開啟了美洲市場，卻也直接影響了美國獨立事件。當時的美國人要喝上一口珍貴的茶，無法直接向中國採購，必須由英國貿易商進口，還得付出高額的稅金。

在西元一七六五年，英國所制訂航海法與印花稅法，讓當時北美第一大城波士頓人開始心生不滿，英國不理會殖民地的反彈聲高漲，在一七七三年繼續加高稅金，通過了「茶葉條款」徵收高額茶稅，造成極大反彈。

波士頓人民受夠了長期被壓榨，在西元一七七三年十二月十六日，喬裝成印地安人，將泊於波士頓港裝載東印度公司的茶葉全部傾倒入海，此時的英方依舊態度強硬，於是祭出賠償條款，並封鎖波士頓港的運輸貿易。

而冰凍三尺非一日之寒，長期的積怨，讓當時的美國殖民地居民在一七七五年三月開始組裝民軍，開啟砲火與英軍交戰，掀開了美國獨立戰爭。當然，其後的演變，大家在各種歷史書籍中都可以一窺究竟。

柔軟的茶葉，細膩的茶湯，卻引得世界版圖大翻轉，而我們再下面介紹臺灣茶歷史時，會更詳細地提到，那一口媲美瓊漿玉液的福爾摩沙茶，到底如何翻轉了美國人的味蕾。

但有趣的是，一九二〇年到一九三三年的美國行禁酒令，也直接推動了冰茶和甜茶的普及。所謂的甜茶，是在二次大戰時期，由於戰爭關係，亞洲輸往美國的綠茶類供應不及，為解思茶之苦，因此人們轉以廉價的紅茶替代，但廉價的紅茶過於苦澀，為了追求口感，於是加了糖一起煮，久了後就演變成甜茶。到了夏天習慣喝甜冰茶解渴，逐漸習慣這口感後，演變成獨特的飲食模式，不管吃什麼，總是要配一杯甜茶。

現在的我們應該是非常難以想像，為了一口好茶，整個地球都要翻過來了。季辛吉曾說過：「如果你掌握了石油，你就掌握了整個國家」。而在十八、十九世紀的世界觀中，茶葉，就是石油！

養

茶的營養

喝茶的好處，除了靜心沈澱外，最實際的功能就是補充養份。茶，又被譽為「綠金」，其內容維生素與養份，具有高度之保健功能，有殺菌消炎的茶皂素，以及高度抗氧化的兒茶素。有殺菌消炎的茶皂素、高度抗氧化的兒茶素、有提升免疫功能的維他命 C 及令人放鬆的氨基酸。喝好的原葉茶，不經過各種添加，是極大的營養寶庫。一口好茶充滿天地精華，也能幫助到最前端的農民、振興在地農業、也最環保，何樂而不為？

一杯茶內的主要成份

氟化物

茶湯中含微量氟化物，約1ppm左右的濃度，可中和口腔的酸性，及對抗蛀牙。

維生素C

維生素C一般相當容易因為高溫而遭破壞，但因兒茶素的保護，維生素C較能夠保存。維生素C在提升免疫力與美白都有不錯的功效。

兒茶素

所謂的兒茶素，是「表兒茶素」、「表兒茶素沒食子酸酯」、「兒茶素沒食子酸酯」、「表沒食子兒茶素」、「沒食子兒茶素沒食子酸酯」這五種多酚的總稱。兒茶素主要是茶葉中澀味的來源，經醫學證實，有殺菌與抗氧化作用，可清除自由基。四季中，兒茶素含量以夏茶最多，冬茶最少。

咖啡因

帶苦味，於攝氏一七八度時會昇華，若看過炒茶，在機器上方的白色結晶粉末，就是咖啡因。茶葉中的咖啡因占約乾料的百分之三至四，溶出後約占茶湯的百分之八至十。雖然茶葉中的咖啡因與咖啡中的咖啡因屬同一物質，但茶中的咖啡因會與茶氨酸結合，會減緩咖啡因對人體的刺激感與副作用。四季中，夏茶的咖啡因含量最高，冬茶最低。

茶氨酸

茶葉中有將近二十餘種的氨基酸，茶氨酸就占了百分之五十以上，是一種很全面的營養素，多存在於嫩芽、嫩莖中，內含蛋白質、維他命Ａ、Ｄ、醣類、礦物質⋯等。茶氨酸有助於緩和茶味苦澀與減緩咖啡因的吸收。茶氨酸同時也是茶葉鮮甜為的來源，能夠放鬆腦部活動。

茶皂素

又稱「茶皂甙」。為西元一九三一年，日本科學家青山新次郎在研究茶籽時所發現的。茶皂素句有殺菌抗炎，化痰止痛之效，極為營養。其味略微辛辣，熱水沖下時會起泡，這也就是為何通常泡茶時第一泡通常壺口會產生許多泡沫，總含量於茶湯的第一泡為最多。

香氣成份

茶葉的香氣物質複雜而多元，會依照發酵、焙火與陳化有所不同，雖然茶葉的芳香物質含量不多，可是種類非常複雜，高達五百種以上。

其他

其實茶葉中還包含著蛋白質、纖維質、維生素與礦物質，因此喝對一口好茶，以及懂得與食物的搭配順序，對於身心都是相當健康的。

茶味之源

苦：咖啡因
澀：兒茶素
鮮：氨基酸
甜：醣類
酸：有機酸

知道了才內行的茶葉門道

The Advances

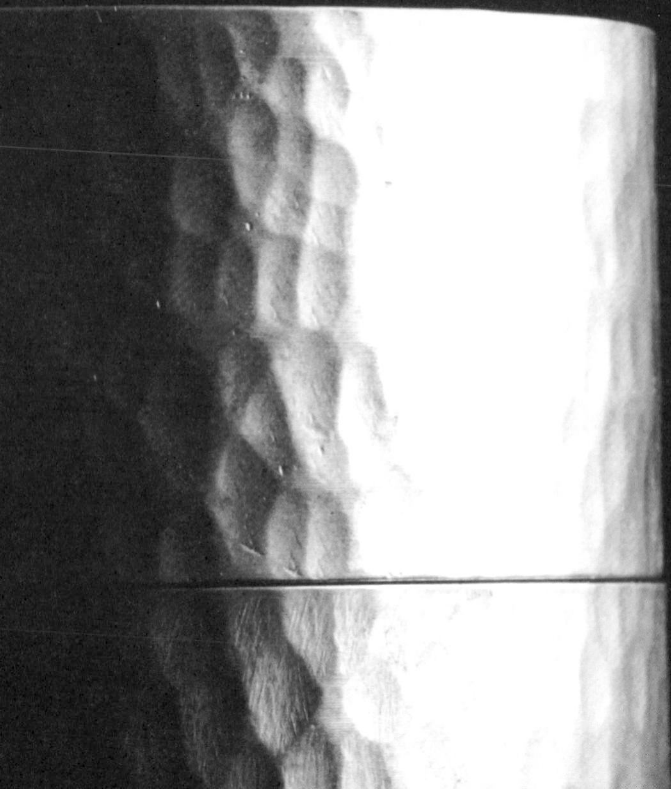

臺灣身處於全球重要烏龍茶產區之一，在飲食文化面臨工商社會急遽的變化下，民眾卻對自身臺灣茶的狀態理解日益稀薄，導致濫竽充數，劣幣逐良幣，打壓到真正用心種製的茶農，並且讓許多具工藝價值的好茶逐漸消失。因此，我們以微小的力量，期待用簡易的說明，讓年輕人與新手更能了解茶的風貌，有能力挑選與辨別茶的品質。

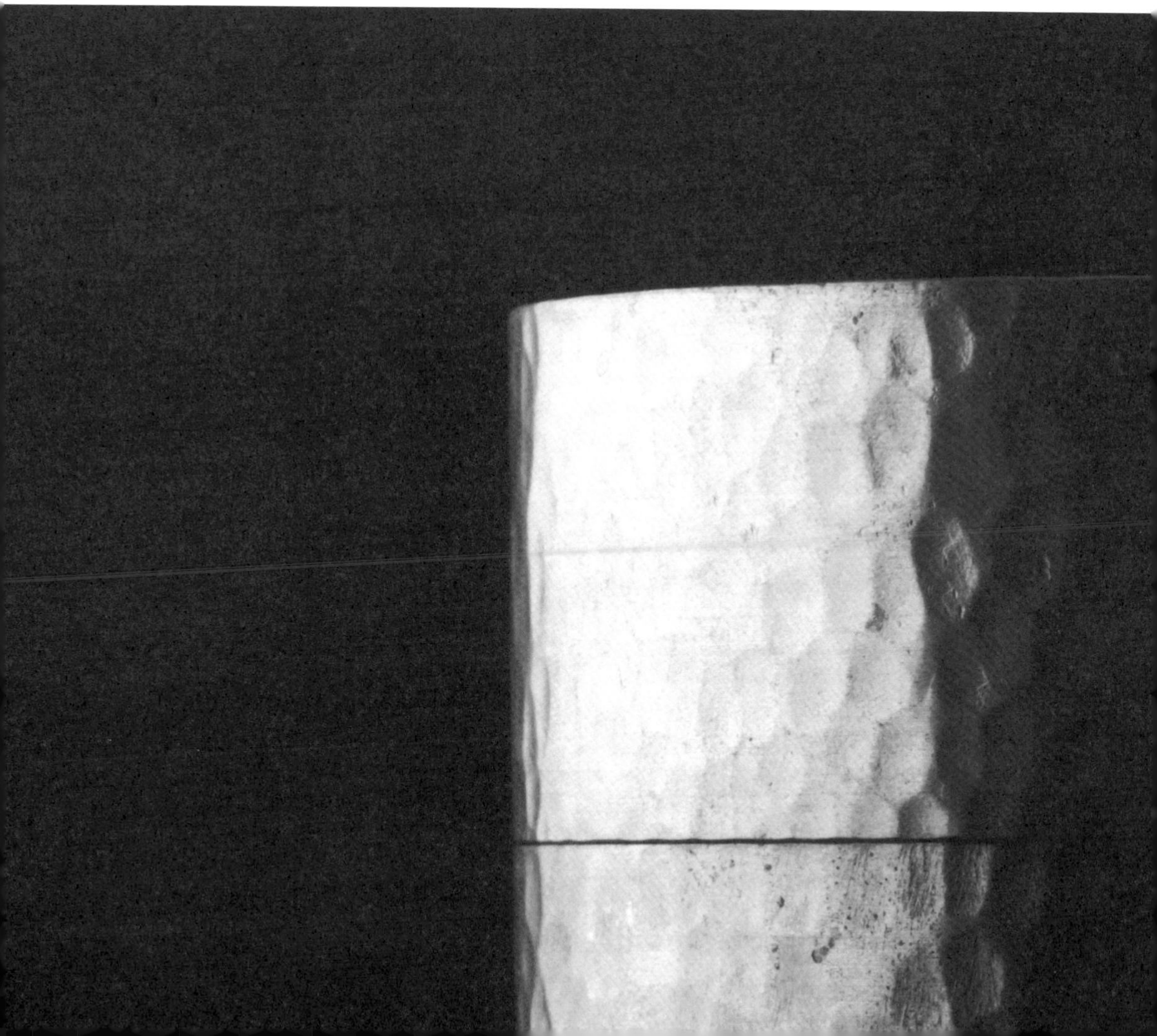

系

六大茶系：發酵決定一切

茶的複雜在於茶樹是異交作物，自交不孕，意即茶籽與親本的性狀會不相同，加上各類不同的製作方式，造就出茶千萬種多元、繁雜的形態。而為了更有系統的發展茶業，全球統一一致性的歸納出「六大茶系」。何為六大茶系呢？簡單的說，就是六大茶系以發酵程度為主軸，而每個茶系都有不同的製造工序。

鮮翠的綠茶有種清晰爽朗的力量。

茶葉的發酵乃指兒茶素的氧化過程，與我們所認知由微生物作用而產生的發酵不同。發酵會帶來茶葉內容物，包含水色、滋味的重大改變。

綠茶

工序特色：嫩芽細採
採摘部位：嫩芽為主
口感特色：鮮爽嬌嫩
發酵度：不發酵
著名茶品：六安瓜片、西湖龍井、日本玉露、三峽碧螺春

綠茶，那個充滿希望與朝氣的鮮爽翠綠色，如初春晨曦，薄陽徐緩灑落在草地上，青草香混著霧氣，逐漸爽朗清晰的氛圍下，仿若身心都再度潔淨，思緒也慢慢穩定了，這是多數人對綠茶的感受。對於綠茶，許多人會直接想到日本抹茶。但事實上以全球的產量而言，中國生產的綠茶依舊是全球最大宗。而臺灣的綠茶，就是三峽的碧螺春與龍井茶，而各產區的綠茶，皆各有異趣與感受。

綠茶分為
蒸菁綠茶：以「蒸氣」來做殺菁，如日本煎茶、玉露、抹茶
炒菁綠茶：以「熱炒」來做殺菁，如三峽碧螺春、龍井

霍山黃芽產於安徽省霍山縣大化坪鎮。

抹茶粉一般磨製目數越高越細膩，以能浮於水面上為佳。唯綠茶類磨粉後氧化速度快，因此購買後要儘速喝完，保存也要完全避光為佳。

黃茶

工序特色：悶黃
採摘部位：嫩芽為主
口感特色：甘醇
發酵度：不發酵
著名茶品：君山銀針、霍山黃芽

珍稀的黃茶，令許多茶饕心神嚮往。是由綠茶製作工藝中衍生出的茶類，比綠茶製作時多了「悶黃」的獨特製茶工藝。所謂的「悶黃」是指茶葉殺青後，將殺青後的茶葉蓋布，多了燜堆的工序，保持茶葉在較高的溫度和濕度下，催化茶葉中的多酚葉綠素等物質進行部分氧化，因而使茶葉轉黃，同時苦澀度降低，形成「黃葉黃湯」的特色。若以同樣的原料做比較，一批做成綠茶；一批做成黃茶，綠茶口感會帶鮮爽；黃茶口感會帶甘醇。

黃茶的最高等級為芽茶類，以幼嫩細芽為主，滋味優雅鮮醇。由於芽尖很輕盈，又帶著毫毛，在沏泡後會在杯中根根直立，在光影下，毫毛會閃著耀眼光芒，如同「刀山劍砦」的錯影，茶湯呈現柔美高貴的嫩黃色，有著皇家的輝煌氣勢，

嬌貴嫩芽做出的白茶細緻優雅。

因此黃茶類中的霍山黃芽，在明代時列為貢茶，至今優質黃茶依舊珍稀難尋。

黃茶的等級分三種，分別為黃大茶、黃小茶、黃芽茶

黃大茶：如廣東的大葉青

黃小茶：湖南嶽陽的北港毛尖、浙江的平陽黃湯

黃芽茶：安徽的霍山黃芽、四川蒙頂黃芽

白茶

工序特色：長時間低溫萎凋

採摘部位：嫩芽為主；葉茶為輔

口感特色：雅致細膩

發酵度：部分發酵

著名茶品：福鼎白茶、白毫銀針、白牡丹、壽眉

優雅、細膩、溫婉，是多數人第一次品飲白茶的印象。嬌貴的嫩芽芯與柔貼的細毫毛，造就出白茶特殊的甜香味。好的白茶，湯色雖淺，可是口感卻相當飽和紮實，可以感受到茶葉豐厚的內容物，看茶湯側面時會有一層像凍狀的膠質，細品時會感受到山林雲霧的繚繞氣息，彷彿天地萬物，盡在蒼茫眼下。

白茶以清明前產的白毫銀針最為珍稀，嫩芽鮮翠，橄欖銀灰色相間的毫毛，如

夢似幻。由於茶葉是相當敏感的物質，太過高溫的萎凋，葉片內的多酚類氧化速度會過於劇烈，水分流失過快，茶葉易紅變或褐變。白茶的製程上是一連串漫長的等待與觀察，不似其他茶類製作時如此的有戲劇張力，反而有種因慢慢走來而形成的時空凝結詩意感。低溫、長時、無直接日照下，讓多酚類和緩地與其他酶類一同參與這冗長的過程，形成了素雅嬌細的白杏色。

而如銀似雪閃著銀輝光芒的毫毛，其實就是茶葉的嫩芽。多數嫩芽部位會帶有清爽高雅的奶油香，而因摘取嫩芽製茶，相對人工投入以及一株茶樹能使用的部位減少，這亦是為何有帶白毫多數價格會較高。

在製作進入乾燥時，香氣會慢慢帶出，茶乾逐漸呈淡褐色至白灰色的漸層，熱水注下，蒸氣氤氳時，在陽光下透映著隱晦的微微銀光，霎是動人。泡開的葉底用手觸摸，能感受到細嫩如嬰兒般的膚觸，令人難忘。近年來老白茶更是盛行，陳年的老白茶，古早之驅寒聖品。稍感風寒時，將老白茶煮開，將內含物借熱力逼出，緩緩飲下，會感覺到一股熱氣自體內竄出，舒適不已。

青茶

工序特色：繁複細緻，「焙茶」為頂級極致工藝

採摘部位：除「白毫烏龍」以帶芽嫩葉為主，其餘茶品以「形成駐芽之成熟葉」為主

青茶色澤烏黑，葉似捲似曲，如龍戲水。

口感特色：滋味多元，從清爽到渾厚長韻

發酵度：部分發酵（約百分之十二至九十）

著名茶品：白毫烏龍、文山包種、武夷岩茶、凍頂烏龍、高山茶

複雜又多元的青茶類，不管稱作「青茶」或是「烏龍茶」，但總歸一句就是以「部分發酵」為主軸，為六大茶系最晚創製的一種。市面所稱之的「烏龍」，正確而言，是「品種」名也是茶葉「製程」名稱，就如同鐵觀音是一樣的。

多樣繽紛又複雜的青茶世界，發酵的定義自約百分之十二至九十的發酵過程，都在這個大範圍內，也就是因為這樣廣大的幅度，從有充滿高調玉蘭花香的文山包種，至渾厚層層喉韻的鐵觀音，外觀、氣味、葉底大相徑庭，讓許多初入門者眼花繚亂，就像在曖昧期的戀人般，永遠有著參不透又放不下的好奇與思念，讓習茶者愛恨交織的情感。又像一個繽紛樂園般，總是豐富熱鬧；也像是一間魔法學院般，瞬變萬千，看不盡學不完。

一般而言，烏龍茶分為：

一．閩北烏龍：武夷岩茶體系，如大紅袍、白雞冠、水金龜、鐵羅漢

二．閩南烏龍：安溪鐵觀音、黃金桂、毛蟹、永春佛手、白芽奇蘭

三．廣東烏龍：鳳凰水仙、嶺頭單叢、鳳凰單欉

四．臺灣烏龍：凍頂烏龍、高山茶、東方美人

部分發酵茶的綠葉鑲紅邊：

強烈濃郁的紅茶適合調配成奶茶。

看茶葉發酵度最簡單的方式就是看葉緣呈現的紅棕色面積多寡。葉緣被破壞越多，發酵度越高，紅至綜的漸層越多。傳統「三分紅；七分綠」有做到部分發酵，使茶性溫潤，又能夠保持茶菁本身的活性，使茶味更為豐富。

當然，臺灣身處於烏龍茶的重要產區，在本書中當然會對臺灣烏龍茶更加琢磨，在下一個章節中就會特別討論一下這個令人著迷不已的臺灣烏龍茶。

紅茶

工序特色：全發酵茶
摘採部位：嫩芽
口感特色：香醇飽和
發酵度：全發酵（註：一般全發酵茶指發酵度達九十以上，並非指百分之百）
著名茶品：紅玉（臺茶十八號）、阿薩姆紅茶、大吉嶺紅茶、正山小種、金駿眉

愛紅茶的人，無不著迷她那香醇芬芳，厚實飽口的滋味與紅豔明亮的湯色所吸引。提到紅茶，多數人第一個想到的就是英式下午茶。但事實上，紅茶的發源地是從中國，以小葉種的「工夫紅茶」開始到了近百年印度與斯里蘭卡紅茶的興起，才逐漸有大葉種紅茶的出現。

紅茶一路發展到了近代，因其變化性高，例如調製奶茶或是與其它香料搭配，

可單喝但混搭性又樣貌，也較能夠駕馭歐陸的水質，讓茶變得更為多元化、生活化，使之在全球各地迅捷地散播開來，不但延伸出獨特的英式下午茶文化，展開了另一頁優雅的飲茶文化，並且超越了綠茶類成為目前全球茶葉交易量最大的一類。

紅茶在製作上，適合以芽茶為主為原料，有分大葉種與小葉種，此兩者各自有情調。

大葉種紅茶：茶多酚含量較高，口感較為濃郁厚重，適合調配飲用。如：紅玉（臺茶十八號）、阿薩姆紅茶

小葉種紅茶：以小葉種茶樹為基底，臺灣原料以青心烏龍、金萱、四季春為底，一般稱之為蜜香紅茶。口感較為細膩優雅，多以單品工夫茶形式出現

臺灣紅茶：紅玉（臺茶十八號）、紅韻（臺茶二十一號）、蜜香紅茶
中國紅茶：正山小種、滇紅
印度紅茶：大吉嶺紅茶、阿薩姆紅茶
斯里蘭卡：烏巴紅茶

好紅茶的判別：

一．乳化現象：頂級紅茶多數沏泡冷卻後會產生所謂的「乳化現象」，又稱作「冷後渾」，表層像是浮了一層油脂，有白濁的現象，又稱為「茶乳」。此為茶葉的內容物在相互吸引沈澱，造成的自然聚合，越豐富的茶質越容易出現。

因此「乳化現象」是紅茶品質的指標，茶體飽和健壯，茶質豐厚，口感有活力與變化性者此現象越強烈。有乳化現象產生時，只要再將熱水注入或加熱，就會還原成原來清澈的狀態了。

二．紅湯金圈：紅茶發酵下會產生黃茶質，茶湯會出現「紅湯金圈」，整體會呈現中心紅透如紅寶石般，外圍有厚亮如璀璨金圈光芒，兩者皆越飽和的表示品質越好，為檢驗紅茶品質的一個重要關鍵。

印度大吉嶺春摘是屬於哪一種茶？

許多初學者在用湯色的判別上作為茶類的依據，可是遇到大吉嶺春摘時往往摸不著頭緒，主因是其湯色較偏蜜黃色，又微帶點淺綠色。這是由於大吉嶺的高海拔達海拔兩千公尺以上，加上春日處濕寒，發酵上較為辛苦，但由於其製程與一般紅茶相同，因此歸類上還是定義於紅茶類。

黑茶

工序特色：後發酵、增濕渥堆

摘採部位：芽、葉

口感特色：生普：純淨山林氣質　熟普：醇厚穩重

發酵程度：後發酵

普洱一名來自於清代雲南普洱府。

著名茶品：普洱（分為生普、熟普兩類）、安化黑茶、六堡茶

前述五項茶類，都是在製程中進行發酵，但黑茶則是屬於後發酵茶。所謂的「後發酵」意指將殺青、揉捻後的茶葉，在一個相當溫濕度的環境下，進行長時間堆積，就是所謂的「渥」，因為「渥」本身就是濕潤、濃郁濃厚之意，透過此製程，使茶葉產生一系列的濕熱化學反應，令茶葉作非酵素性的氧化作用。

黑茶的毛料多為大葉種，可溶多酚物質強烈豐富，在新茶的狀態會十分苦澀與刺激，但若經過時間陳化或轉為相當醇和厚實，因此「陳放」是一個相當重要的關鍵。

而一般人最熟悉的黑茶類就是普洱。普洱照製作流程分為生普與熟普，照形態有分散茶與緊壓，例如：磚茶、餅茶、沱茶、柱狀，原料以大葉種曬青毛茶為原料，經過陳放後才逐漸轉為黑褐色。

普洱生茶：以自然的方式陳放，不經過人工發酵、渥堆處理。普洱生茶需靠長時間的陳放，才得以轉化出各種繽紛滋味。

普洱熟茶：有經過渥堆程序，其口感渾厚紮實的黑茶，像是一個充滿了成熟智慧的老人。

任何品種皆可做成六大茶系之樣貌：

無論何種品種茶樹，或在哪個產區種植，採收下來的茶菁均可做成上述六大茶

日本抹茶・茶粉

日本抹茶・茶湯

霍山黃芽・茶乾

霍山黃芽・茶湯

白毫銀針．茶乾

白毫銀針・茶湯

凍頂烏龍・茶乾

凍頂烏龍・茶湯

紅玉紅茶・茶乾

紅玉紅茶・茶湯

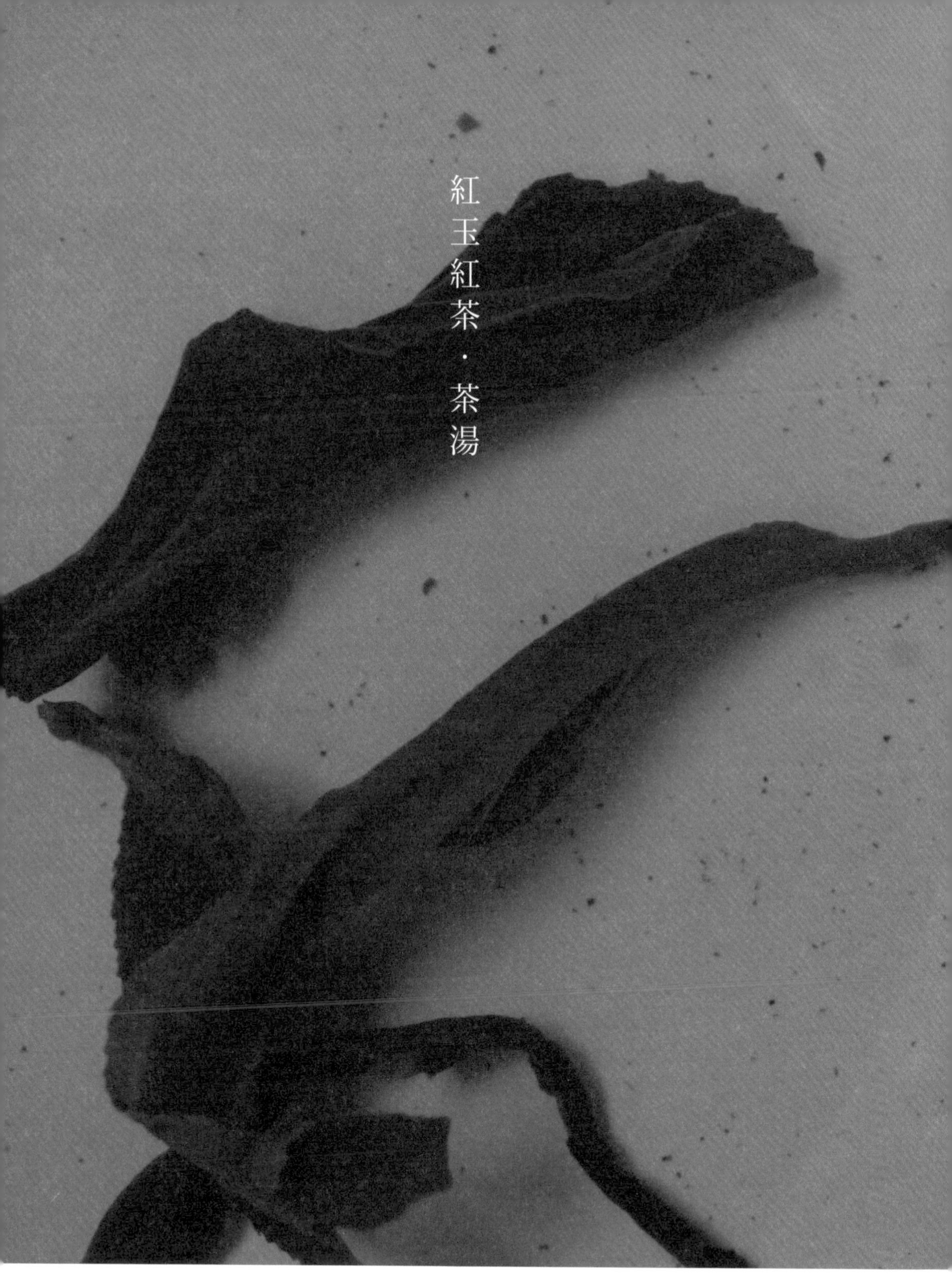

青茶・綠葉鑲紅邊

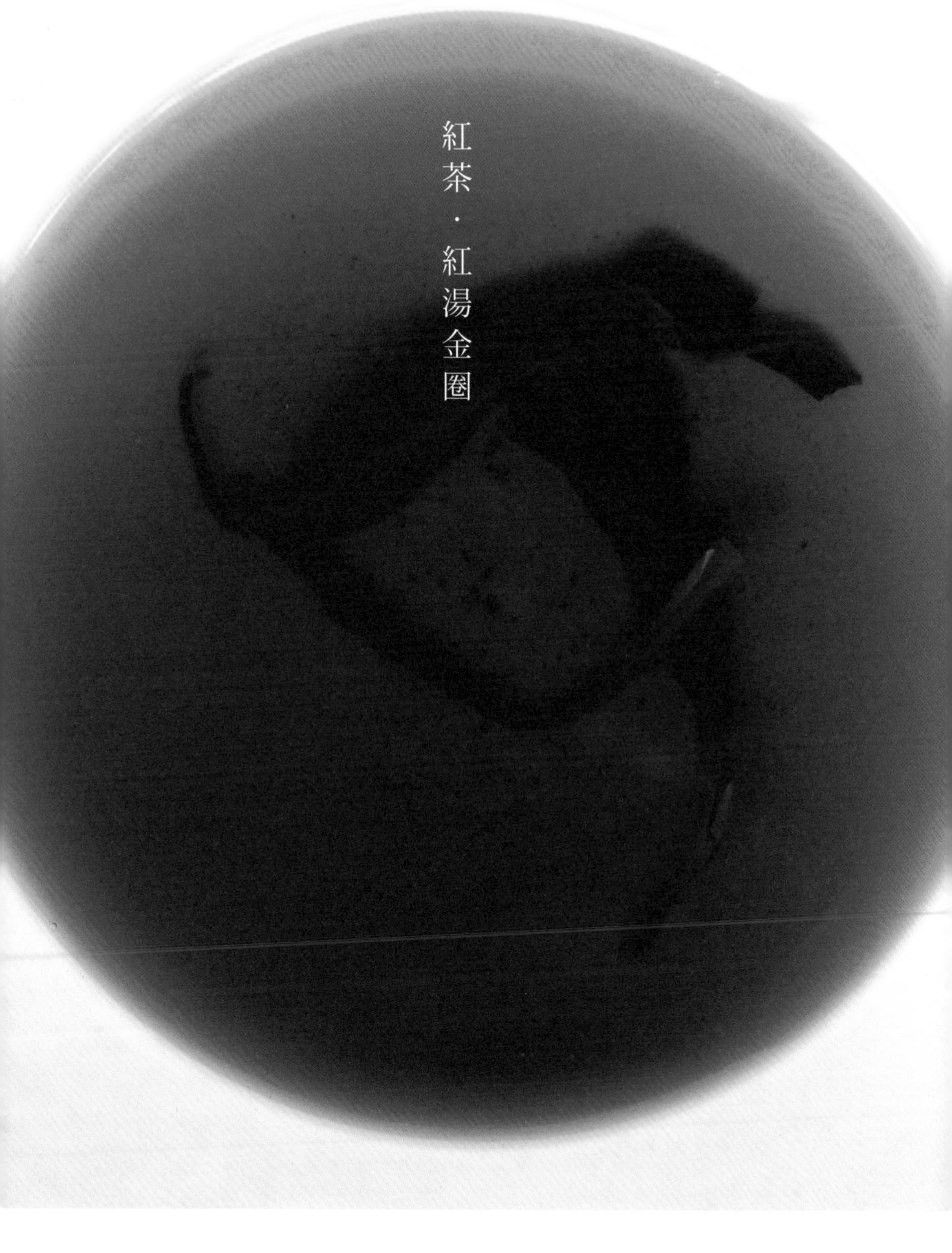
紅茶・紅湯金圈

雲南普洱．茶乾

雲南普洱・茶湯

系的任何一種茶，只是每種品種有「較適合」的製作性格。例如在低緯度的大葉種，做成紅茶就香潤可口，但做成綠茶類就易於苦澀。這道理就和每同一種布料都可以做成不同的商品，只是耐用、實用或適合與否。

茶無止境，茶葉學理上的分類除了上述六大茶系的發酵外，還有產區、形狀、氣候、品種、製程…等分類法，而茶葉的發酵是製程中的一小環，卻也是一個重要的開端。

茶的品種到製程因素的交乘下，有系統的歸類就上千種，尚未載錄的還有萬千種。在這些學習過程中，也讓我用更開闊的心胸來重新看待這世界，重新理解原來人生有更多的樣貌，而下個章節，將簡述六大茶系與特色茶的製做工序。

除以發酵程度歸納外，尚有其他的歸納法學習辨認茶葉：

一．節氣：春茶、夏茶、秋茶、六月白、秋茶、冬茶、冬片
二．形狀：針狀、條索、球型、半球型、碎型、緊壓團茶、芽茶、粉茶、葉茶
三．品種：大葉種、中葉種、小葉種、山茶、蒔茶
四．產地：日月潭紅茶、埔中烏龍、潮州港口茶、阿里山烏龍、雲南普洱

工

茶葉製作工序

據考究，目前所知茶葉的發展歷史中，首先有綠茶，最早的記錄是距今三千多年前，源於川北、陝南一帶。隨著人類文明的發展，加上工具的演化，各類型的茶開始問世，而茶葉的製作過程，環環相扣，任一步驟失當都會影響巨大，製茶不僅是科學，更是工藝與藝術地極致表現。

六大茶系製程

製茶是人類文明的極致工藝，從農作科學到製作的物理化學變化，以及藝術性的表現，一口好茶，往往得花上三至五日的工夫，並彙集了製茶師畢生的經驗與心血。

而六大茶系的製程各有不同，以下僅為簡述工序：
綠茶：殺菁＞揉捻＞乾燥
黃茶：殺菁＞悶黃＞揉捻＞乾燥
白茶：室內萎凋＞乾燥
青茶：日光萎凋＞室內萎凋／攪拌／大浪＞殺菁＞揉捻＞乾燥
紅茶：室內萎凋＞揉捻＞發酵＞乾燥
黑茶：殺菁＞揉捻＞渥堆＞乾燥
而青茶類亦即臺灣的烏龍茶，是六大茶系中製程最複雜的，以下簡述製程：

青茶初製階段

採摘．優良品質的第一道關卡

分為手採與機採。當芽葉長至一心五至六葉時，即可依照製茶師後續所需要製作的茶款，來採收一心一至三葉的茶菁，茶葉採摘的品質，是攸關成品品質的第一道關卡。採摘時間以午時茶，亦即上午十一點至下午一點前最佳，因水氣最少。

若於採收期往茶區走一圈，就會看到壯觀的採茶美景，耳邊也會常聽到師傅們叨口唸著一些「術語」，多數是台語發音也相當有趣。

午時菜．採摘時間：上午十一時～下午一點。

二午菜．採摘時間：下午一時～下午三點。

以上為約略時間，須看茶區實際的天後而決定。

日光萎凋．茶香關鍵的最重要工序

主要目的是使得蒸散葉片中水份，退掉菁味。將採摘後的茶葉平均鋪攤在乾淨的布埕或笳上，透過陽光的熱輻射，將多餘的水分散去。茶葉剛摘採下來含水量約百分之七十至八十。葉片越成熟，萎凋速度越慢；反之速度越快。日光萎凋是決定部分發酵茶的香氣高低及優劣的最重要工序。高山茶的「清香」與「菁氣」其實是一線之隔的天堂或地獄。

室內萎凋．減緩水分消散速度

其目的和日光萎凋大同小異，唯獨在相對低光低溫的室內環境中，讓水分消散的速度變慢，進行大分子香氣之分解。陰雨天時若缺乏日光，以機械熱風取代日光萎凋時，稱作熱風萎凋。

萎凋程度依序：
白茶：約三十六至七十二小時
紅茶：約十八至二十二小時
青茶：約十至十五小時

攪拌．啟動發酵作用

在靜置過程中，製茶師需運用雙手微微翻動茶葉，使茶葉因相互摩擦而引起葉緣細胞的破壞，使空氣再度打入葉肉細胞中，促進發酵作用，同時也藉由如此讓水分充分重新分佈。入靜置室，那撲鼻而來的茶香菁味，會濃厚到讓人發嗆卻又舒服。

攪拌不足：會有水色過淡、氣味不揚、滋味薄弱的現象，感覺茶有形無體般。
攪拌不當：葉片黯淡、水色黃濁、香氣不揚。

大浪．讓氧氣再度打入

重度攪拌，讓茶菁的細胞產生劇烈的物理性破壞，讓氧氣再度打入茶葉中。上述靜置與攪拌的流程，有時候往往得耗時近十二個鐘頭，製茶師必須以五感來判斷與修正茶葉的狀態，以手撫觸葉片的乾濕改變；以鼻聞香氣揮發狀態；以眼觀茶葉的色澤變化。

殺菁・停止發酵

利用高溫破壞酵素作用，抑制茶葉發酵，並去除茶菁雜味及水分，炒出香氣，帶出高香。而不發酵茶，是將茶菁採下後立即趕快殺菁；半發酵、全發酵茶則待其發酵到所需的程度，再施以殺菁。

揉捻・葉片初步成型

殺菁後，為了使茶葉中成分容易藉由熱水沖泡而出，所以，將茶葉放入揉捻機中，茶葉隨著機器運轉而滾動，原先枝葉獨立的茶葉經此步驟，逐漸捲曲緊縮的葉片內汁液因壓力導致滲出，附著於茶葉上，使得沖泡時茶液的滋味能很快的溶出，同時間也具有整型之作用。

團揉・替茶葉整形

半球型與球型茶須再經過「團揉」，借由葉片中剩餘的水份繼續替茶葉整型，需要反覆的包揉與解塊，是極為耗費人力、體力與時間的工序。團揉次數越多，茶葉組織的破壞就越重，就越有利於可溶物的釋出。但也不宜過度團揉，以免茶球最內部中心的水份消散不易，容易造成日後存放質變。

乾燥・降低水份固定品質

為製作毛茶的最後一道手續，要將茶葉之水分降到百分之三至五。乾燥程度，以條索的文山包種茶為例，必須能輕易折斷，半球型烏龍茶以手指可捏碎為適度乾燥之標準。乾燥後體積重量都減少，便於包裝貯存及運銷。

以上階段我們稱之為「毛茶」或「初製茶」。

青茶精製加工階段

茶葉製造中所提及的「加工」，並非再額外有添加物，乃指茶葉整理的更為精細，就像女孩子稍加化了淡妝，讓氣色看起來更好。

篩分．茶相均一

為使每批茶在烘焙時口感能夠有均勻性，就像料理時切丁的大小會影響熟成速度一樣，因此要將乾燥的茶，依其形狀、粗細、大小、重量等做分別。

揀茶．茶相美化

去除老化的枝梗、雜葉、雜質、黃片，讓茶相看起來更為均一完整。

再乾．內外乾燥均一

目前大多使用乾燥機來乾燥，為了提高品質，使條形美觀，均採用「二次乾燥法」，即初乾後先予以攤涼，使茶葉回潮後再進行一次乾燥，以避免外乾內濕的現象。

焙茶．改變香氣滋味

製茶，是烘焙與料理的結合。若說毛茶階段，就像烘焙，要精準；焙茶，就像料理，要藝術性。焙茶是高深極致的工藝，是體力、意志力、藝術性的結合。焙茶主要是再度修飾茶的性格與香氣，可將茶性轉暖，透過梅納反應將風味的層次表達得更多更細膩，品飲上更有峰迴路轉之感。

有經過焙火的茶會比「毛茶」水分含量更低，有利於長期儲存。同時也決定了茶葉的生、熟、濃、淡。因此照起工的焙茶，需以細膩文火，逐步調整，焙茶師傅的耐心與體力是重要關鍵，等於他們是味道層次的設計者，焙火時間越長則香味越低沉，但滋味較濃，溫度越高，火味越重。

茶葉之可逆性

茶葉的可逆性：茶，是這地表上少數一直存在有活性的物料，即使茶乾亦有可逆性。如果茶葉受潮，只要不發霉的狀態，都可以使用低溫文火的方式，依照茶量重新乾燥（又稱作覆火）小量覆火可至農會購買簡易型乾燥機，價格低廉且操作方便，是讓受潮茶葉重新擁有活性的好工具。

製茶中的化學物理變化

製茶是一連串化學與物理所引起變化，例如：

熱作用：殺菁、熱風萎凋、乾燥、烘焙

光作用：日光萎凋、日光乾燥

力作用：攪拌

機械作用：揉捻

龍

烏龍不烏龍

茶葉千百種，唯獨挑特別挑烏龍這個大類出來解釋，一來是臺灣目前皆以青茶類為大宗，也就是烏龍茶為主軸，而身為臺灣人；應知臺灣茶，也是我們對於文化傳承的責任之一。其二是烏龍茶的製作為六大茶系中最複雜的，了解烏龍茶製程之後，幾乎其餘茶類製程也略透析一二了。

什麼是烏龍？

簡單的說，烏龍是品種名，也是茶葉製程工序的名詞代表。

品種：如青心烏龍、軟枝烏龍、大葉烏龍、紅骨烏龍、黃心烏龍、金萱、四季春、鐵觀音、青心大冇…等。而每種品種都有對應單一或多種的適製性茶品。

只要是符合「部分發酵」，且有萎凋、靜置、大浪、發酵、殺菁、揉捻、乾燥工序者，無論哪一種品種，即使風味完全不同，皆可稱作「烏龍茶」。

品種命名

許多人常聽到如：臺茶十八號、臺茶十二號……等等。但是有些卻又沒有幾號的名稱，而鄉下茶農可能還有彼此溝通的「代碼」，導致許多消費者常常一頭霧水。

簡單而言，茶葉品種命名有分為：

一．原生種：如臺灣山茶

二．地方品種：茶苗早期由先民自中國南方帶來，再與臺灣當地品種雜交後，穩定無性繁殖。如：青心烏龍、武夷、青心柑仔……

三・人工培育品種：透過品種選拔以及長年的培育而來。例如：金萱（臺茶十二號）、紅玉（臺茶十八號）

一個品種的從選拔、試驗到完成命名需多久？

一個穩定性的茶葉品種，要考量適製性、整體經濟、內外銷以及生態平衡狀態，因此一個品種從開始到完整命名，實際需約三十至四十年。

臺灣茶種的品種香與特性

臺灣常見品種萌芽期（表示節氣到了會先採收的品種）

早生種：四季春、硬枝紅心

中生種：青心大冇、金萱（臺茶十二號）、翠玉（臺茶十三號）

晚生種：青心烏龍、鐵觀音

臺灣常見茶種香氣

四季春：玉蘭花、梔子花、茉莉花、桂花

金萱：野薑花、淡奶香

青心烏龍：花香、果香

青心大冇：弱果酸、蜜香

鐵觀音：弱果酸

武夷：野薑花、桂花、梔子花

臺茶十八號（紅玉）：薄荷、肉桂、些微柑橘味

特

臺灣茶區與臺灣特色茶

臺灣擁有先天上生長茶樹的優勢，無論在緯度上、山巒的海拔高度都相當適合製造烏龍茶。優越的多元地理樣貌與形態，眾多的高山丘陵環繞，霧氣繚繞，加上海島型氣候，提供了相對溫濕度差異大的環境，有利於茶樹生長。而臺灣農業技術高超，臺灣茶農更是勇於精進，製茶技術世界一流，因此造就了「臺灣茶；世界香」的美譽。

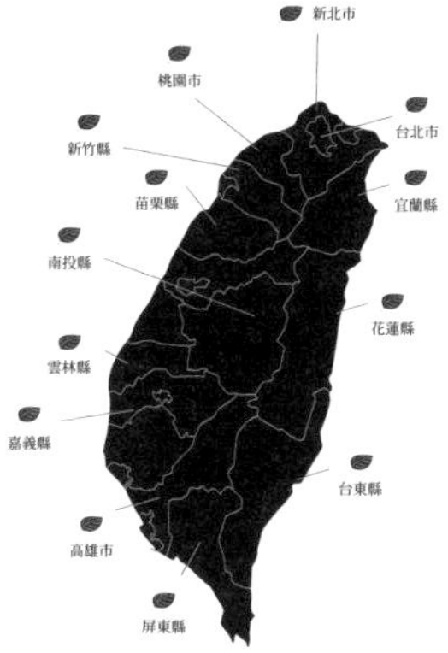

臺灣地圖茶區。

臺灣百年茶路

福爾摩沙烏龍，發展雖僅有兩百餘年，但其盛名，在漫漫一頁茶史中撼動著。臺灣各地幾乎皆可見到茶園蹤跡，也成就了臺灣茶多樣複雜的風土味。讓我們來看看臺灣茶區與各項茶名：

臺北市：木柵鐵觀音、南港包種茶

新北市：文山包種茶、石門鐵觀音、海山龍井茶、海山包種茶、龍壽茶

桃園市：龍泉茶、秀才茶、武嶺茶、壽山名茶、盧峰烏龍茶、梅臺茶、金壺茶

新竹縣：六福茶、長安茶、東方美人茶

苗栗縣：苗栗烏龍茶、苗栗椪風茶

南投縣：凍頂烏龍茶、松柏長青茶、杉林溪烏龍茶、二尖茶、玉山烏龍茶、青山茶、魚池日月潭紅茶、霧社盧山烏龍茶

雲林縣：雲頂茶

嘉義縣：梅山烏龍茶、阿里山珠露茶、竹崎高山茶、阿里山烏龍茶

高雄市：六龜茶

屏東縣：港口茶

宜蘭縣：素馨茶、五峰茶、玉蘭茶、上將茶

花蓮縣：天鶴茶、鶴崗紅茶

臺東縣：福鹿茶、太峰高山茶、臺東紅烏龍

三峽碧螺春細彎如螺。

臺灣特色茶介紹

臺灣茶世界香，從鮮爽宜人的綠茶到濃烈豐富的紅茶，在臺灣都能享受到，無法詳列臺茶所有細項，先以左列茶品為代表各地特色：

三峽碧螺春：鮮翠如春，嫩白新芽

臺灣唯一僅存的炒菁綠茶

多以青心甘仔為品種，「碧」指的是茶湯如翡翠般地翠綠，「螺」是指茶芽外形細緊彎曲如螺旋般，有白毫交乘覆蓋，而「春」字，以其最佳之採收季節－春季嫩採為主，故名碧螺春。另有一個故事是說，相傳在早產於中國浙江洞庭湖區時，叫做「嚇煞人香」，康熙皇帝認為名稱不雅，故將「碧螺春茶」，也有人稱為「碧蘿春」。

飲過碧螺春的朋友，都會著迷著她們優雅如春日萬物萌芽般的鮮嫩口感，彷若能見萬物歷經寒冬摧折下，歷經風霜後，在春日回暖陽光和煦灑落大地，霧氣迷濛略帶神秘感的森林氣息。

三峽碧螺春，成品茶乾外形為條索，色澤多呈現濃綠至墨綠，乾茶有綠豆香與細微的海苔味。泡開的茶湯有明顯的芽茶、蔬菜、蒸魚、些微的豆香味。水色偏黃綠，香氣高昂，滋味鮮醇。

文山包種玉蘭花香，馨香滿室。

文山包種茶：玉蘭花沁，馨香滿室

「文山包種茶」，許多人誤以為是指現在的木柵文山區。事實上這裡的「文山」乃止日治時期的「文山郡」，也就是今日新店、深坑、石碇、坪林、南港、汐止等地區，所以如果到這幾處，都會看到「文山包種茶」的茶名出現。西元一九一二年，現今的南港、內湖及深坑地區開始試做改良式包種茶，製茶技術精進後，不需薰花，同樣能做出高調如香水般的花香味，爾後，到了一九二〇年代後，魏靜時與王水錦兩位前輩推廣售價較好的改良式包種茶，成為現代包種茶製法的基礎。

文山包種茶的原始樣貌，並非我們今日所看到的形式，在一八八一年自吳福老引進安溪縣王義程創製的包種茶製法，將俗稱「種仔」的青心烏龍品種製成烏龍茶再加以薰花改製，包裝用簡單樸實的四角毛邊紙包著，印上茶坊或農戶的名字，就成了最早期包種茶的由來。

目前的文山包種茶，品種多以為青心烏龍及臺茶十二號為主，發酵程度約百分之八至十八左右，優質的文山包種，茶乾需呈現緊實的條索狀，色澤為油亮的墨綠色。茶湯需呈現蜜黃碧綠，有清透鮮明的光亮感，是一種相當有朝氣的感受。有令人難忘的撲鼻玉蘭花香，還有微微地陽光氣息，就像是春日的清晨漫步在山林中，飄來些許的霧氣，空氣中還帶著飄渺的芬多精，柔和舒暢，鮮嫩舒爽。入口後有著生津的滑潤活性，是茶中極品。

觀音長韻，越陳越香。

木柵鐵觀音：觀音長韻，越陳越香

鐵鐵觀音同時是品種名亦為製程名稱。鐵觀音，是所有茶類中製作程序中最為繁瑣的，也代表著她的層次多變、複雜、有趣又多元。觀音韻，是多少人魂牽夢縈難以忘懷的古早滋味，是一種濃郁後，需要等待沈澱，靜謐思索中回甘韻味悄悄在喉中幻化，就像是一個待解又有趣的謎題，令人費解卻又深深著迷。在烏龍茶逐漸走向清香化的同時，那份渾厚紮實，久久回甘不以的滋味，已經逐日消逝中。

目前臺灣鐵觀音的產地，以臺北市木柵地區、新北市石門區為主。木柵地區多以正欉鐵觀音品種；石門地區以硬枝紅心品種為主。

由於鐵觀音此品種嬌嫩，適製性低，不似四季春、金萱等適應地方氣候的能力強大，因此目前在臺灣仍舊以木柵地區為最適合鐵觀音的品種種植。只是目前因為氣候變遷，導致正欉鐵觀音品種越來越難照顧，也相對逐漸減產，因此有部分茶農開始以其他品種來代替原先的鐵觀音，但製茶手法仍為原先鐵觀音的製程。

有些消費者在選擇上因為沒有「正欉」，因此會以此為殺價的藉口，個人認為其實應當要體諒茶農，因為這種大環境的變遷，農戶也需要養家活口，鐵觀音的照護以及製作本身就耗時費工，傳統工藝是需要消費者來支持與肯定，才能夠得以延續。

嫩芽旋舞如東方美人搖曳生姿。

白毫烏龍：嫩芽旋舞，如美人搖曳生姿。

白毫烏龍，又稱作「東方美人」，屬於重萎凋、重發酵、重攪拌，但無焙火的烏龍體系之一。白毫烏龍的製茶特色在炒菁後，會以濕布包裹回潤，形成一個炒後悶的步驟，稱之「靜置回潤」或稱「回軟」的二度發酵程序是臺灣烏龍茶最早的原型之一。

關於白毫烏龍有許多美麗的傳說，相傳古早時，蟲咬了茶葉，讓葉片的品相看起來不那麼漂亮，農夫又捨不得茶就這麼被丟了，因此還是照採照做，拿去市場兜售，沒想到大夥泡開後發現竟然有那香甜的熟果味，賣得了好價格，茶農開心地跑回村裡把經過告訴其他村民，村民都認為他根本就是在椪風（吹牛），因此那茶被起個名，就叫「椪風茶」吧！

爾後，這好口感不但賣了好價，還傳到了英國女王手中，嫩芽注水一下，隨水流的旋舞，彷若美人搖曳生姿，因此便賜名「東方美人」。當然這些鄉野佚事，真假不知，但這些故事背後的重點都在稱讚這茶的香、色、味俱全的美好。目前主要生產於新北市石碇區、桃園龍潭區、苗栗頭份、新竹峨眉、北埔鄉。以「青心大冇」品種為主，而最特殊的莫過於經「小綠葉蟬」叮咬葉芽後，形成「著涎」的特殊芬芳蜜味，因此又被稱作「蜒仔茶」。一年之中，農曆芒種至大暑間的那酷熱夏日中所採收的品質是最好的，也是所有茶饕最引頸期盼與醉心的。等級好的白毫烏龍，以嫩芽為主，葉身毫毛呈白、綠、黃、紅、褐五色相間，有著濃厚的蜜香、熟果氣息，不管是熱沖或冷泡，都十分合宜。

松柏長青茶之前身為埔中茶。

松柏長青茶：以他之名，亙久彌新

松柏長青茶之前身為埔中茶，以南投縣名間鄉埔中村為主。自清代即有種植茶葉之，甲午戰爭前後當地即有茶商、茶農之交易記錄。埔中村的土質以弱酸性紅土為主，比起外圍地區來得更為肥沃，水質甘甜，多以平台式茶園為主。早晚霧氣繚繞溫差大，但入午時卻又豔陽高照。位於八卦山丘陵尾段最高峰，因附近多有茂盛的松、柏樹，故得此名。民國六十四年蔣故總統經國先生，在擔任行政院長內，曾蒞臨巡視，對埔中茶讚譽有加，特命名為「松柏長青茶」，名號打響後，逐步擴散到外圍種植區域。

正宗的埔中茶，是傳統烏龍中的逸品，是茶老饕們口耳相傳的絕頂極品烏龍茶。早年做成捲狀，是臺灣最早成型的烏龍茶之一，其特色為前段揚香高，茶湯呈現金黃透潔的琉璃感，香氣繞樑持久，溫和生津有著特殊著桂花、蘭花香氣，中段擁有著特殊的巧克力和堅果香，冷香更帶有甜美焦糖、椰奶香。相較於凍頂的焙火香，埔中茶多了一份土甜與微微的紅心地瓜味。

凍頂烏龍：亙久流傳的焙香好滋味

凍頂烏龍的由來有不同的說法，一則相傳於清咸豐年間（西元一八五五年）鹿谷鄉人林鳳池赴福建應考，高中舉人，光榮返鄉時，帶回來三十六株茶苗，其中十二株種植於現今南投縣鹿谷鄉凍頂山。二則是鹿谷蘇姓家族在早於清朝時即在鹿谷山上開墾種茶，由於入冬時山區溼冷，茶農赤著腳耕種都得踮著腳趾，因此又稱為「凍頂山」，不管到底是那一種由來，凍頂烏龍都是有口皆碑，

以「凍掂著腳趾」之名而來的凍頂烏龍茶。

茶區亦從原先的凍頂山，一路擴展到「彰雅村」、「鳳凰村」、「永隆村」等區域，見證了臺灣烏龍的百年風華。

與輕發酵輕烘焙，清爽鮮嫩的高山茶不同的是，傳統的凍頂烏龍是以遒勁、渾厚、富饒的焙火層次為主，因焙火的梅納反應造就層層香氣，焦糖香、桂花、椰奶香，每一口都能喝到反覆交揉的工序，香氣轉為內斂雅緻。而茶乾以鮮豔明亮的墨綠為主，夾帶如蛙皮般的銀毫白點。茶湯色澤橙黃中帶著隱飲蜜綠，是相當具有深度與人文氣質的茶，可慢慢品賞，欣賞每回茶香口感的轉變。

埔中茶×凍頂烏龍茶×木柵鐵觀音

初學者非常容易搞混的三款茶，可用下列口感作為簡易區分：

埔中茶：口感中有土甜味，中後段帶巧克力與紅心蜜地瓜香

凍頂烏龍茶：以焙火木質、堅果香為主

木柵鐵觀音：口感有弱果酸、熟果香氣為主

傳統有經過焙火，能將茶葉的寒性去除，由寒轉溫，適合每種年齡層喝，亦耐久放。在現今一面吹捧烏龍茶清香化的同時，事實上傳統風味的保留與推廣是相當重要的。傳統工序代表的前人所累積的智慧與經驗，因為前人已嘗試與實驗了百年以上，在挫折中累積最終的成果，讓我們後世人享受。

高山茶擁有清香的蘭花香氣。

高山茶：山山無盡、幽香長韻

高山茶，這是古早的時候沒有的名詞，是在一九八〇年代時，臺灣經濟鵬飛，當時臺灣錢淹腳目之下，貿易由外銷轉內銷所產生的新興名詞。在這三十餘年間，臺灣茶區不停地向上、向外擴張。向上指的是海拔不停的往上，向外是指原茶區橫向的延伸。過去，名間鄉埔中村到凍頂茶區這段，就已經算是臺灣產茶頗高的地區，海拔也不過四百至八百公尺，在橫向腹地取得困難後，高海拔茶園一路挺進到了兩千六百多公尺。

高山茶目前以海拔一千公尺為界，如：中部的大阿里山茶區、玉山茶區、福壽山農場、華岡茶區、梨山茶區、宜蘭的南山茶區、臺東的太麻里茶區……等。

高山茶之所後勢居上主因在海拔高，氣溫低，作物的生長期拉長，內含物質會更顯得豐富，若配合天時地利人和之下來製茶，那將會擁有盪氣迴腸，令人難以忘懷的絕美花香與深厚回甘，令人口齒生津，杯杯難忘。

唯獨由於高山茶發展過於快速，近年來綠茶化嚴重，品種栽種過於集中，山區氣候不穩定，工序縮減，導致茶料該有的品質與養分未完整呈現，山頭氣逐漸喪失。所幸，近年來有許多老師傅與良心茶商，不停要求製茶工序之精進，於高山茶中，部分茶區特色已逐漸尋回。

帶著肉桂、薄荷香氣的紅玉紅茶。

紅玉紅茶：濃郁飽和、醇厚紮實

初次接觸紅玉時，被其高調又煞人的香給驚豔到。以大葉種臺茶十八號為品種，又名「紅玉」。號為臺灣山茶與緬甸大葉種培育而成，由於生長勢強，又能夠抗病蟲害，提高收成，目前多栽種於南投、花東地區。

有著獨特的異國情調，散發的肉桂香是南國的濃烈熱情，高調奔放，有如跳著探戈的女郎，手上持著火入的紅玫瑰花，踏著鏗鏘有力的節奏向前高步進行著。而後韻衝上來的薄荷涼，就像是一道醒神的涼風，讓收口時有個回馬槍！而紅玉有著這樣強烈特殊的性格，讓人印象深刻。

在湯色上，當初起名「紅玉」，也是因為其湯色透亮如紅寶石，耀眼奪目，因此在國際通用上，也都以「Ruby Black」來通稱紅玉紅茶。如此濃列的個性，紅玉在做調味茶上也相當適合，可以做成奶茶，或是入到甜點中，不怕被其他物料的味道給搶走，能彼此相互駕馭平衡。

雖說驚豔四座的紅玉，每每出場時都讓人印象深刻，但事實上紅玉的身世，是來自於民國八十八年，九二一大地震之後，位於震央的南投首當其衝，農作茶區災情慘重。時茶改場為了重振農民信心與生計，推出了以頂級紅茶復甦茶產業，力抗原先一直以印度紅茶占有的市場。而紅玉鮮紅亮麗，且香氣超有特色，能單品也能調配的雙重優勢下，果然讓博入了全球紅茶世界的版圖中，創下了讓中外茶人，甚至願意遠渡重洋，特地來尋找的獨特「臺灣香」。

甜美怡人的蜜香紅茶。

蜜香紅茶：如花似蜜、高雅細緻

一般提及蜜香紅茶會有兩種情形。

一為以有著蜒現象，經過小綠葉蟬叮咬的蜜香，可說是東方美人茶（膨風茶）之延伸如，具有蜒仔氣，三峽也有青心柑仔品種製作的蜜香紅茶。

二為小葉種紅茶：以金萱、四季春、青心烏龍、清心柑仔，為品種製作之紅茶，目前在南投、花東都有穩定的生產。

相較於大葉種紅茶的濃烈滋味，不管是著蜒的蜜香紅茶，或是小葉種紅茶，相較下都顯得較優雅細膩，甜感與蜜味多。就像是老電影中那青梅竹馬，初戀始綻時的嬌羞，那麼一點曖昧又那麼一點純真。過去臺灣的紅茶市場，幾乎都是大葉種的天下，但是隨著茶品多元化的發展，還有全球茶人的交流，近年來小葉種紅茶的興起，也讓紅茶愛好者有了更多的選擇與嘗試。

屏東港口茶：國境之南、古樸有風

屏東有種茶？這是許多人剛聽到非常驚訝的口吻。是的，這是一個古早又特別的茶區。過去兩百多年來，港口茶一直不在名茶之列，少人聽聞。但港口茶卻是一個有別於現今太過於狹隘的商業性口感，能夠真實嚐到風土氣息的茶。

粗獷、帶澀、微苦、厚實、強烈，是初嚐港口茶的深刻印象，茶乾帶著滄桑感

港口茶在熱帶海風吹拂下生長。

的白霜狀，帶著海風、海苔、礫石與粗鹽巴味，入口的苦後卻強勁回甘，能化開的澀感。我常形容港口茶，就像一個「漢糙」勇健，把上身曬著赤紅在烈日下，流著汗水做著工，有些年紀卻非常性格，帶著有歷練與睿智眼神的大叔工頭。造就如此特殊的口感，在於港口茶的本身濃厚的生長地理特色。

一．低緯度：港口茶的產地目前多在屏東滿洲鄉的「茶山」，「茶山」就是其地名，在北迴歸線以南，屬熱帶氣候，四季皆夏，葉片充分的執行光和作用，產生更多的養份。

二．低海拔：相較動輒上千的高山茶區，「茶山」本身海拔僅約三百公尺，但也因如此，能夠有充足的日照。

三．臨海：通常一般農作物無法適應臨海濕熱風大的環境，沒想到茶樹卻能適應本地的氣候。夾帶著鹽分的海風，使得增加葉片的角質層增厚，使得內含物質飽滿。

四．落山風：每年入秋後到隔年的三月，那穿山而過的東北季風，不斷地吹襲著茶園，茶樹生長速度減緩，相對強迫葉片儲存了更多養分，也因風勢大，雜草與蟲害相對亦少。

港口茶適合快沖快泡，不但耐泡度佳，而且非常適合陳放，可說是越陳越香。也能夠征服濃郁口感的料理，例如：咖哩飯。

臺東鹿野紅烏龍：香如甜蜜、厚有烏龍

算是另一個臺灣之光的新茶品——紅烏龍，以其之名，照耀了整個花東大地。

臺東鹿野紅烏龍是充滿了蜜香的烏龍茶。

紅烏龍是二〇〇八年，由農委會所屬茶業改良場臺東分場研發出了一款新的茶品，初期於臺東縣鹿野鄉試辦。以百分之八十至九十的高度發酵，是目前烏龍茶中發酵度最高的，因此湯色偏紅，但又仍有烘焙後的烏龍茶特性的，因此喚為「紅烏龍」。

由於紅烏龍是結合紅茶與烏龍茶的特性，由於夏日溫度高，光合作用強盛，若要製作一般的烏龍茶，會顯得較為苦澀，因此茶改場研發出著重在萎凋與攪拌的烏龍，製作時程縮短，但香氣與內容物依舊豐厚，算是烏龍茶類的另一創舉。

因此紅烏龍之特色在於茶湯呈現橙中帶紅，並略帶茶深琥珀色之色澤，明豔靚麗，氣息上有蜜味與果香，口感甘醇，茶質厚重具熟果香，滋味醇厚圓滑、富有活性、耐泡、甘醇，為冷泡茶的上選材料。

季節性特殊茶品：冬片

冬片茶又稱為「冬片仔」，因為茶樹被氣候蒙騙生長，又被戲稱做「冬騙茶」。鄉間茶農們有時又稱「六水或七水仔茶」，主要產地在中低海拔地區，但因特殊性而極其珍貴搶手，一般懂茶的茶饕們會每年在冬天候著，希望能一嚐。冬片茶怎麼來的？原本節氣已進入休眠期的茶樹，偶遇到溫濕回溫的氣節，誤以為春天已到，便開始萌發新芽。而由於茶樹經過冬日冷冽的低溫生長期，日夜溫差大，因此生長緩慢，又因短暫暖陽刺激生長，使得茶葉的口感格外醇滑，多產於中低海拔，與一般的高山茶有所不同。

被冬日暖陽所騙的冬片茶。

有別於一般春、夏、秋及冬茶，為臺灣具本土地方特色茶之一香氣優儒高揚，入口甘甜柔美，圓滑口舌，像是一曲靜謐清幽的鋼琴曲，又如雅緻柔美的低調宮廷貴婦，向來為茶界品茗老饕所喜愛。冬片茶採收量不多，約冬茶的三成甚至更少，且季節一過後，可能就要再等隔年。

茶與食的美妙搭配

事實上茶和酒與咖啡亦有共通性，茶食間的搭配，就像一曲美好的協奏曲般，能讓五感層次再往上推，許多臺灣好茶也是能與許多好食。

甜食：巧克力和紅玉紅茶、起司和凍頂烏龍或松柏長青茶、杯子蛋糕和蜜香紅茶、仙貝和碧螺春、杏仁糕和高山茶或冬片

料理：咖哩和港口茶、牛肉麵和紅烏龍、滷肉飯和鐵觀音

水果：草莓、芭樂和文山包種或東方美人

三峽碧螺春・茶乾

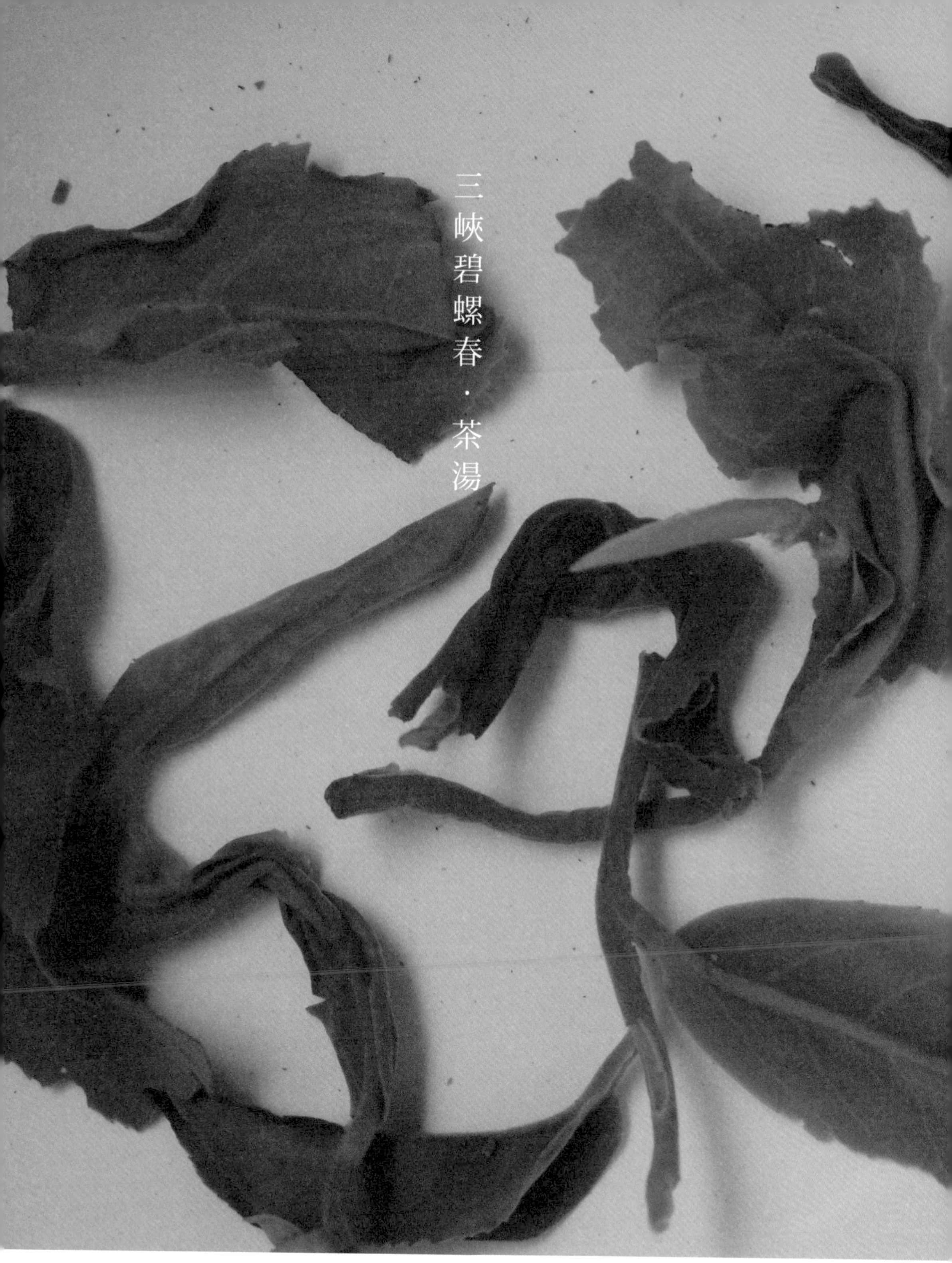
三峽碧螺春・茶湯

文山包種・茶乾

文山包種・茶湯

木柵鐵觀音・茶乾

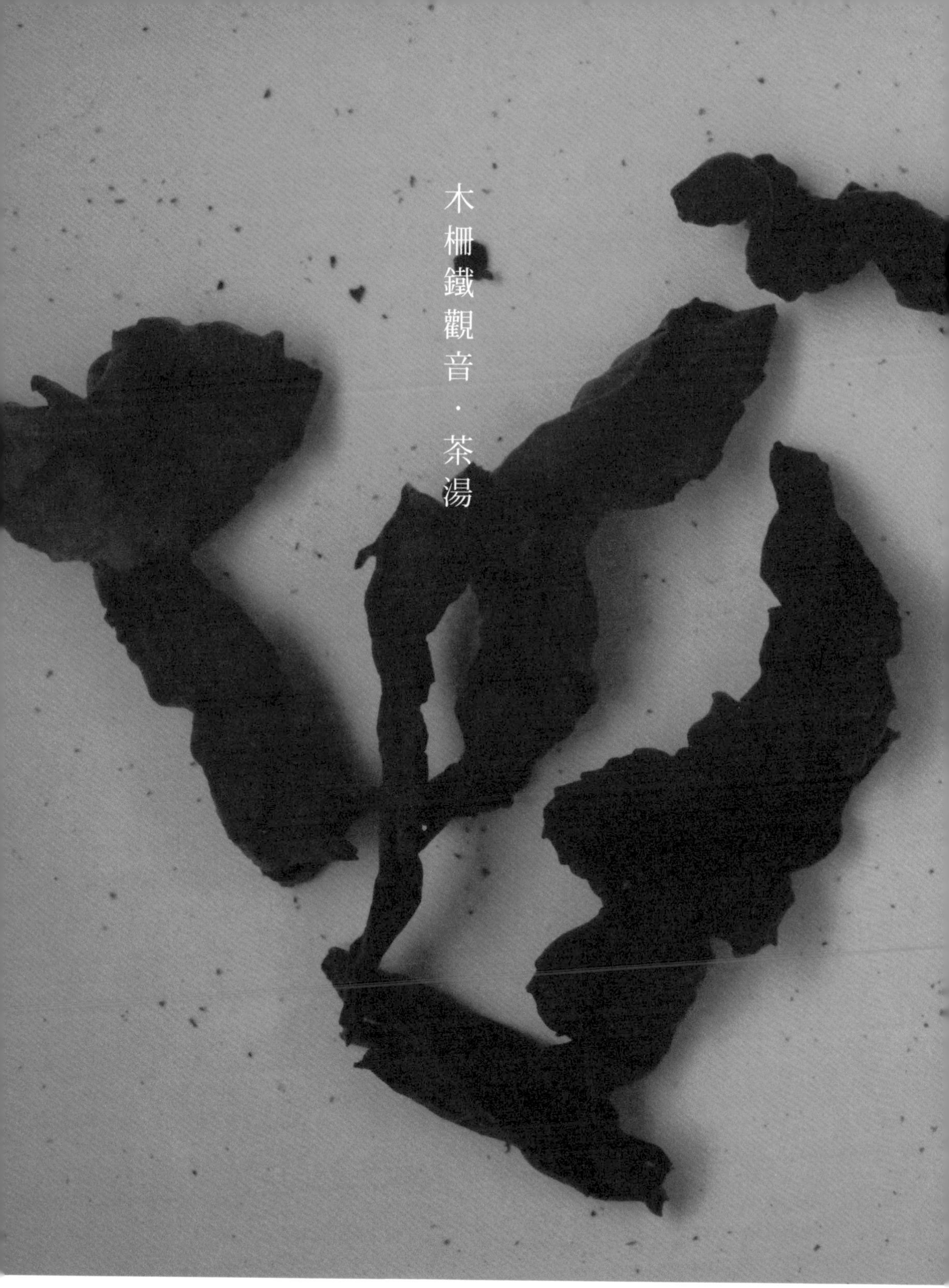
木柵鐵觀音・茶湯

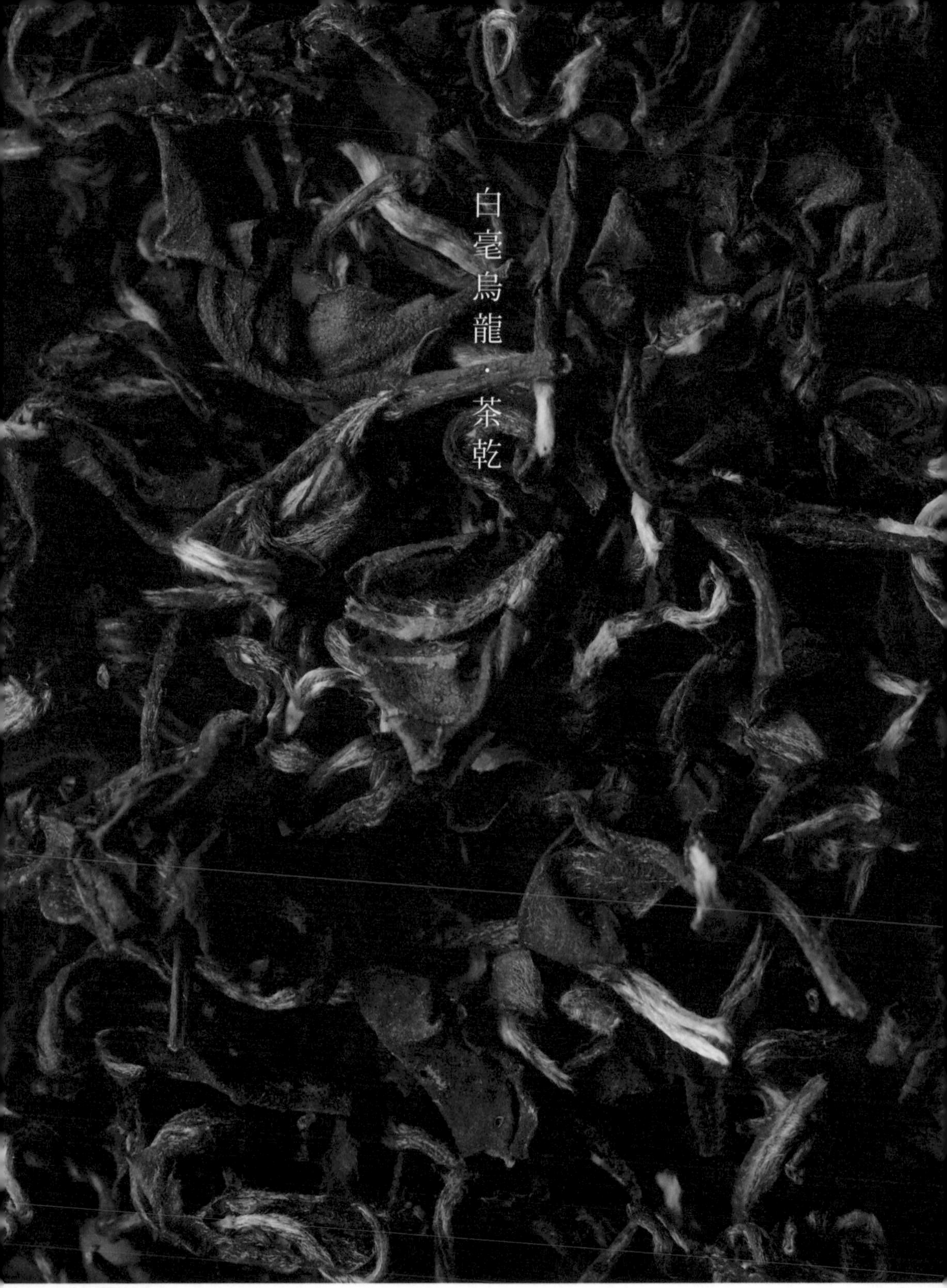
白毫烏龍・茶乾

白毫烏龍・茶湯

松柏長青茶・茶乾

松柏長青茶・茶湯

高山茶・茶乾

高山茶・茶湯

紅玉紅茶・茶乾

紅玉紅茶・茶湯

蜜香紅茶・茶乾

蜜香紅茶・茶湯

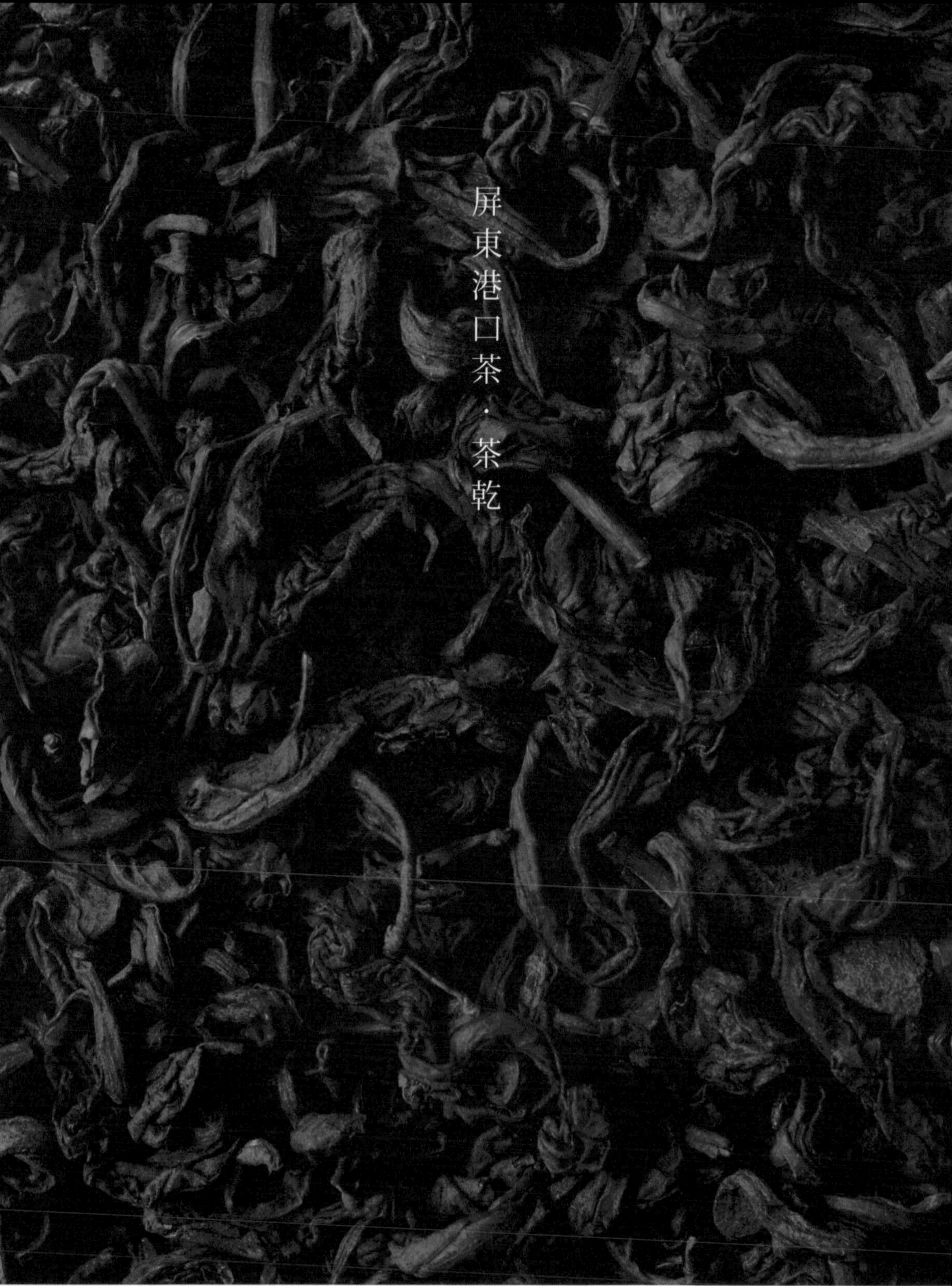
屏東港口茶・茶乾

屏東港口茶・茶湯

鹿野紅烏龍・茶乾

鹿野紅烏龍・茶湯

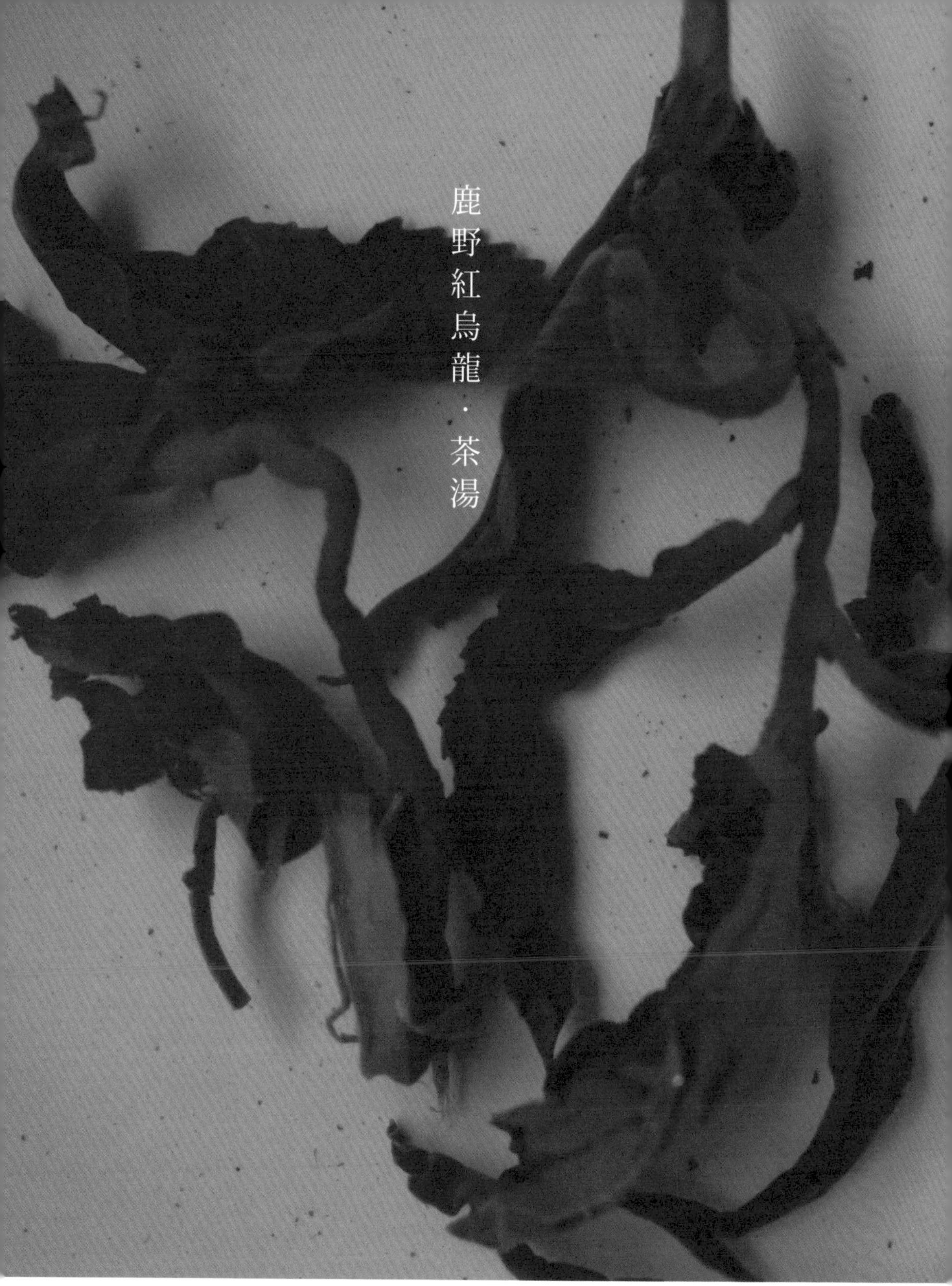

冬片・茶乾

冬片・茶湯

聰明選、聰明買、聰明喝！

Select, Buy, Drink

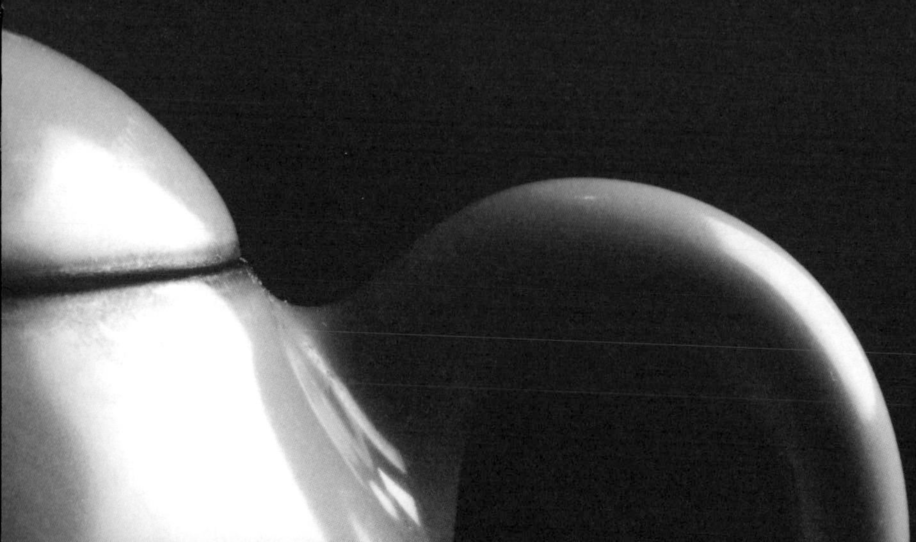

如何選？怎麼買？買了又該怎麼喝？這應該是所有初學者最頭痛的事情。雖說茶學之道深如海，在此以自身經驗，用深入淺出的方式，與各位分享從茶具的選購、泡茶的原則、如何喝到茶的底蘊到茶的選購準則，讓每個人都能從容優游在茶的世界中，輕鬆自在。

具

淬出美好滋味的茶具

茶是有趣的，就像酒、咖啡一樣，參數變動很多。不同的茶器、時間、溫度、器型甚至司茶者的體溫，都會展現出各式不同的層次。好的茶就像一首悠揚的曲子一樣，有高有低；有輕有重；有急有緩，好的茶透過發散的氣味、湯色、口感到餘味都能直透製茶者的意念，那變幻有時是又像是一場啞謎般；繚繞著種種的神秘臆測，增添更多生活樂趣。

茶藝×茶具　茶道×茶道具

一般茶人在挑選非日式的器具，我們會稱作「茶具」所展演的儀式，我們稱作「茶藝」，日式的則稱「茶道具」，展演的儀式稱之為「茶道」。

泡茶，是一種親民的生活儀式，卻也是高尚禪意的深度文化表演藝術。

茶藝，主要以發揮茶之特性視為藝術，重茶性的發揮。茶道，是將行茶儀式視為一種心道，重儀式的過程。兩者都有其美好之處，都是高度人文歷史發展的延伸。

茶壺

茶壺是泡茶的主角。就像是一場戲曲中，最重要的角色，這個角色決定了這場戲的主軸，香氣、滋味、韻味、水湯強烈或柔軟，無一不與壺有最直接的關係。因此，選一把好的壺，在泡一杯好茶最值得投資的工具。

實用性：出水的流暢度，是否符合個人的使用手感，建議在店家購買時可先使用冷水親自試倒看看，也體驗一下手感是否符合自身需要。

壺嘴、蓋口、手把的三線平衡：要注意壺嘴與壺蓋的高度，若過低，則會影響注水，容易造成溢水的現象。

因茶選型：每種茶都有相對應需要的壺型。例如：條索型的紅茶，適合高瘦型的壺；半球型的烏龍適合圓身的壺，壺空間太小會限制茶葉無法舒展，反而無法泡出該有的味道，浪費好茶。

壺蓋要密：由於泡茶是一個連續的展演動作，茶壺會有立起垂直出湯的狀態，若壺蓋沒有密合，一造成茶湯溢出，二來易造成掀蓋，高熱危險燙手。測試壺蓋是否有密合，買壺時可用冷水倒入，以手指堵住上方氣孔，若感受到此時水難以倒出，就表示壺蓋與壺身有密合。

聞香杯

體型高瘦，只聞不喝。聞香杯是於八十年代，臺灣經濟鵬飛，茶藝館分立，茶藝文化興盛，當時茶人所發明出的茶具，爾後影響至其它亞洲相關茶席文化。聞香杯因其高瘦形狀，可使聚香更為容易，亦可讓品茶者，更專注於香氣之變化。一般於賞色聞香後，再將茶湯倒入品茗杯中。

品茗杯

一齣戲，除了主角的賣力詮釋外，配角的輔助也才能夠使一整齣戲更臻完美。而茶杯，就是在這樣配角的位置。茶杯的材質、樣式、口徑大小……都是會直接影響口感。若不相信，可拿同一泡茶，置入不同的茶杯中，細細品飲，便知其中的差異奧秘。

工夫茶具

茶海

又稱作「公道杯」，用以承接泡好的茶湯，也易分配茶湯。

茶承

又稱「茶船」，有些新式的茶承，有接水功能設計，可取代傳統茶盤的功能。

茶輔道具

茶匙：又稱作「茶刮」，調整撥勻茶乾使用。
茶夾：主要將泡完畢的茶葉從茶壺中夾出，也可用來夾品茗杯用，防燙且衛生。
茶針：細尖頭造型，當壺嘴被茶葉或殘渣堵塞住，可用以疏通。
茶則：有長型與類似荷葉造型，因其又稱作「茶荷」，為盛裝茶乾並使其納入茶壺中。

茶漏

過濾茶湯中之雜質，使湯色更為清透。

茶寵

顧名思義是茶桌上的寵物，為觀賞用，造型上會有一孔「只進不出」，增添泡茶樂趣。

茶巾

即為「潔方」，用以潔拭茶具與溢出水分使用，一般不碰任何油污，以保茶席整體整潔素淨。

蓋碗

蓋碗又稱「三才碗」。所謂三才即為「天、地、人」。蓋子代表天，杯托代表地，碗則代表人。一杯好茶，就是要天地人完美的結合，才能夠產生，彷彿集結了一個小宇宙在蓋碗中，每一口在都是充滿了「天為蓋、地載之、人育之」的哲學思惟。

使用蓋碗時多以蓋撥茶，直接啜飲，亦可拿起杯蓋，移至鼻端聞香。杯托則可以避免端茶燙手，托著杯托，使蓋碗看起來雅致大方。當我們選購蓋碗時，一定要親自端起來試試，並且試試合手度，有時候過大的蓋碗口徑，會不好使力。同時試試蓋子是否好撥動，這樣在撥茶葉時，才可方便使用。

泡

如何泡好一杯茶

如何泡好一杯茶，脫離不了：水質、溫度、置茶量、時間、器皿、器型，但泡好茶的最大關鍵還是在於心情。每一種茶，都有獨立的性格，即使是同一款茶，在不同的氣溫與器皿下，都會有不同的口感。若能夠學習到基本的泡茶常識，不但能使茶性發揮更佳，也能夠延長耐泡度，更為省錢。

品茶選水以山泉為上。

泡好茶第一式：軟水為佳

水為茶之母。水質的好壞，會直接影響茶葉的所有一切，包含湯色、香氣、滋味，所以學會選水，是泡好茶的第一式。

明人張大複在《梅花草堂 筆談．試茶》中有經典論述說：「茶性必發於水。八分之茶，遇水十分，茶亦十分矣；八分之水，試茶十分，茶只八分爾。」

八十分的茶質，遇見了一百分的水質，交乘下茶湯會有超越一百分的水準。而八十分的水質，拿去沖泡有一百分的好茶，茶湯的品質可是會瞬間會被拉下到八十分以下，可見水質之於一杯茶，真有如一線之隔的天堂與地獄啊。

《茶經》中有記載：「山水上；江水次；井水下。」。意即：「品茶選水以山泉水為佳；溪流江水次之；不流動的井水最低等。」以現代科學的角度而言，由於山岩植披茂密，自斷層中匯集出的水，富含了二氧化碳，以及多種微量元素，自山頂經過砂石的層層過濾，一般含氯與鐵較少，為水中之極品。

當然，現在取山泉水難度較高。一般家庭建議可使用過濾水。另一種做法會有一個水壺置水內放麥飯石，靜置一日後，將其再以過濾器濾過，如此可以減少氯含量，亦可過濾雜質。

泡好茶第二式：發酵度與溫度掌握

控溫，是製作許多物料上一個極為重要的技術。不管是烹飪、製茶、泡茶、烘豆、釀酒、烘焙⋯⋯無不與溫度有極大之關連。控溫做得好，茶質的發揮會更為細膩。

當然，現在因為工商社會忙碌，不是所有的人都能夠詳細記得每種茶應該要對應哪種溫度，在這提供一個簡明好記的方法，讓大家在忙碌之餘，一樣能享受一杯好茶。

一般而言，發酵度與烘焙度越高的茶，以高溫為主，反之，發酵越低則水溫越低。而溫度的控制上，古代沒有科學名詞或是儀器來解釋所謂的沸點，但是陸羽卻細心觀察以自然之形描述。

在《茶經》中載道：「其沸如魚目，聲有微，為一沸。邊緣如湧泉連珠，為二沸。騰波鼓浪，為三沸。以上水老，不可食也。」水在未及一百度時，大小泡沫會巴附在器壁上，此時稱作蝦眼，接著溫度繼續升高，汽泡會變大，此時稱作「魚眼」，而逐漸升溫，汽泡會像小圓珠般不停湧出，此時稱作「連珠」。最後到了沸騰點，水就會如浪一般的鼓動，此時稱作「鼓浪」，但瞬間水氣就全消了。但是再過頭的水，燒過頭被煮老了，事實上氧氣也被消耗殆盡，不再甘甜好喝，影響泡茶品質。

寬肚型茶壺，半球型茶葉，置茶量為四分之一至五分之一。

高瘦型茶壺，條索狀茶葉，置茶量為二分之一。

在古書中，會以沸點為界，未到沸點前所煮的水稱作「萌湯」，到達沸點的水稱作「純熟」。過與不及，都無法得好水。因此，若要喝好一杯茶，不建議一直讓水過度燒煮。

古代沒有溫度計，全然靠五感來判斷溫度，並以精辟的形繪敘述方式表達，讓後代有文字可依循。而這個過程和料理炸物是相通的，過程中，必須眼耳相通，必須聽炸油膨脹的聲音以及眼觀氣變化，來確定油溫與起鍋與否的狀態。

泡好茶第三式：置茶量，空間伸展最重要

投茶量常常是許多新手抓不準又摸不著頭緒的一個環節，過少滋味不夠豐厚；過多葉片不張，且容易過濃，反倒出現悶味、苦澀，茶氣也不爽朗，浪費了好茶。因此，適當的置茶量給予茶葉足夠適當的舒張空間相當重要。

左列簡易置茶量為參考：

球型茶葉：以鋪平容器底為主，約四分之一至五分之一。

條索型茶葉：約容器之二分之一或五分之二。

散葉或其他：依其蓬鬆狀態，約二分之一或五分之二。

以上僅為參考值，可依照自身的喜好調整。

泡好茶第四式：
茶壺器型，以茶乾之形擇茶器之型

泡茶除了上述的要素要注意外，器型是讓茶葉是否能順利伸張舒張很重要的關鍵。這就和我們人與人之間的相處，都需要彼此留點餘地和空間。

以其形選其器，是最簡單的方式：
條索型：如紅茶類，選高瘦型的茶壺
半球型：如高山茶，選寬肚型的茶壺
散葉或其他：蓋杯

但有時候茶乾形狀不容易辨認，如從茶餅上拆下來的散普，也沒關係，只要確定茶壺有足夠的空間讓茶葉伸展開來，當茶葉可徹底舒展時，茶的底蘊能被完整帶出，茶味的層次也較豐厚。那就不成問題了。

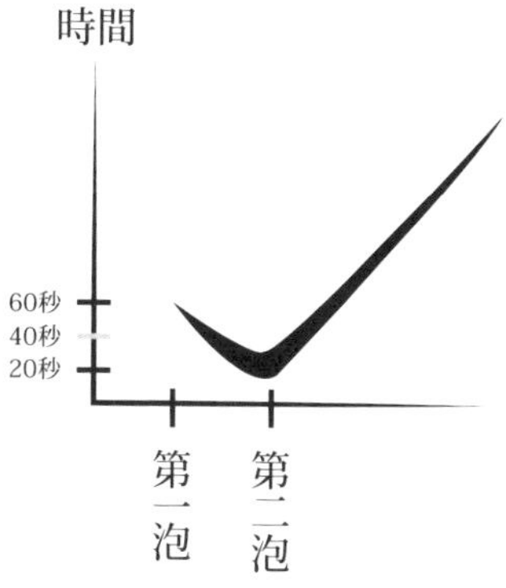

茶的第二泡永遠最短。

泡好茶第五式：時間掌握，第二泡永遠最短

時間掌握，第二泡永遠最短

泡茶的時間掌握，對許多新手而言，永遠是最頭痛的事情。其實，這是一件很容易解決的事情。

由於第一泡茶葉都還處於未醒的狀態，和品酒一樣，因此，從正式開始泡起算的第二泡，秒數一律都最短，其後依照個人喜好遞增數秒，時間整體曲線會像一個大勾勾，如此就非常好記。而且這種泡法可以讓溶出物發揮地更透徹也更耐泡，即使是茶包，亦可適用。

第一泡到底能不能喝？

俗稱的「洗茶」，或是讓茶人優雅地被稱呼為「溫潤泡」，到底能不能喝？農藥洗得掉嗎？一直都令人困惑。解惑前，必須先提到茶葉第一泡的本質。

乾淨的茶葉第一泡最營養

體質健壯乾淨的茶，第一泡是最健康營養的，因為其中有一個非常重要的物質「茶皂素」。第一泡的茶皂素、多酚類、維生素等營養物質，具有殺菌及抗氧化的功能，於第一泡時就會釋放最多，隨著沖泡次數增加、溶出量也相對遞減。因此若為種植過程相當乾淨的茶，第一泡倒掉是極大的浪費。

除非是茶席上的展演上，有溫潤泡的儀式過程，相對看起來整體會更為優雅莊重，也有些茶人是藉由溫潤泡作為溫杯使用，這完全取決於個人習慣，並無絕對，但在營養價值上，第一泡最營養是肯定的。

農藥被洗掉實為多慮

許多人對於把茶洗掉第一泡認為可將農藥清洗掉，這其實是多慮的。由於茶葉農藥多數為非水溶性，且必須經過農藥半衰期後才會進行採收，在製茶過程中，更是要經過發酵、烘焙、揉捻至殺菁等過程，會增加溫度，使農藥大幅減退，所以，不需要為了農藥殘留的問題而特別倒掉第一泡茶。

曾任農委會茶改場場長的陳右人教授就曾為此說明過：「在實驗室中實際檢測，市面上一百一十種法定農藥中，只有四種屬於水溶性，再以水溶性濃度最高的一款進一步實驗，溶出的農藥微乎其微，必須一口氣喝八十八至九十公升才會危害健康。」

臺灣本土好茶管理嚴謹

事實上，臺灣本土種植的茶葉，茶農們自主管理與通報系統都做得相當嚴格，加上近年來環保與食安意識抬頭，許多早期的慣行農法茶園都逐漸走向自然農耕或是有機茶園，新生一代的年輕茶農也願意學習新知，提供透明化的種植資訊，讓消費者安心。且臺灣幅員小，消費者也很容易找到產地，因此若茶品有問題，都相當容易找到源頭，因此道道地地在臺灣產的茶絕對能安心飲用。

泡好茶第六式：茶器材質

「器為茶之父」，就知道對的茶器之於好茶有多重要。對的材質能夠將茶性發揮到極致，相對不浪費好茶。

茶器材質的選擇其實就是散熱與聚熱的效果，依照每種茶的特性挑選適合的茶壺煤材，就像做烹飪一樣，每種鍋具的材質不同，導熱效果不同，自然做出來的料理風味就不一樣。而茶葉的發酵度與烘焙度，會關乎茶器材質的選擇。

聚熱效能影響茶味層次

茶壺材質與厚薄會直接影響散熱方式，就像燉煮料理一樣，不同保溫效果的鍋，會形成天南地北不同的熟成風味。因此要先熟悉所選用的茶性，還有想要泡出什麼樣的風味，再來堆敲需要什麼樣的茶器材質。

依據散熱方式，可簡單參考以下材質：

柴燒聚熱最佳，保溫性高，吸附香氣能力增加茶體厚實度。依此類推向下延伸，玻璃材質為聚熱差，保溫性最低，能保持茶葉原味，不易產生悶味。

柴燒：適合重焙火或後發酵的茶，如鐵觀音或普洱，可彰顯其韻味。

朱泥：適合一般清香或高山烏龍茶，可提升香氣。

紫砂：適合發酵度與烘焙度較高的茶，如凍頂烏龍茶，可使得耐泡度增加。

白瓷：適合文山包種茶或東方美人，能夠忠於原味。

玻璃：適合發酵度在兩極的茶，如綠、白、黃、紅茶，不使悶味產生。

壺的薄厚之影響：

薄胎：適合香氣高的茶，如清香型烏龍

厚胎：適合喉韻重的茶，如老茶、鐵觀音

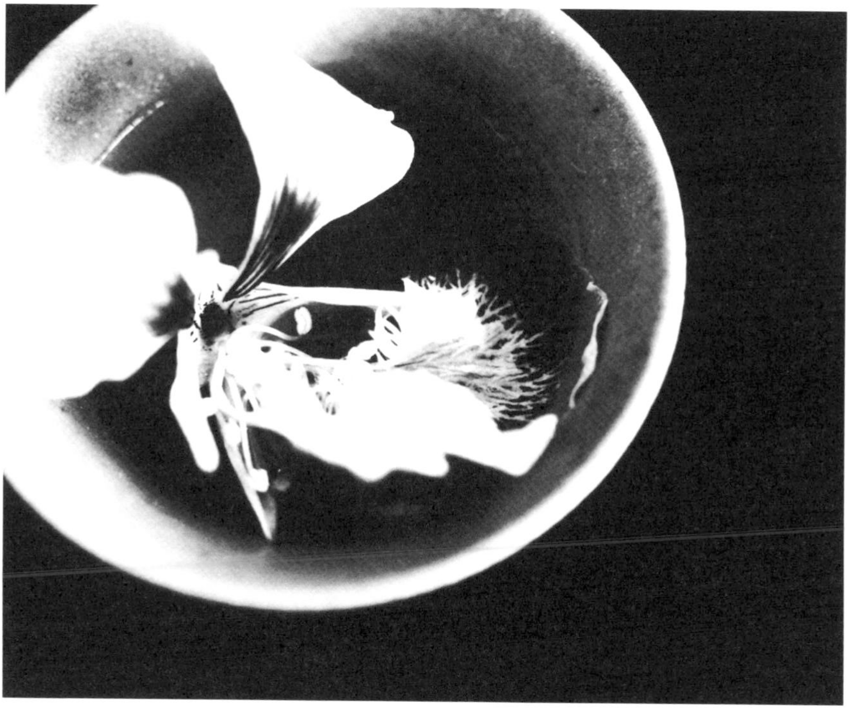

功

冷熱皆宜的泡茶好功夫

不管有沒有練過工夫，只要掌握簡單原則，都可以泡得一手好茶。上面已經簡略介紹了泡茶的參數，那接下來，我們就可以非常生活化的看看泡茶的方式有哪些。泡茶真的是一點都不難，只要變成了習慣後，有時候只是一兩個步驟的事情。

馬可杯的含葉泡法輕鬆又簡單。

含葉泡法：方便到不行

上班總是匆忙，照顧小孩都來不及了，怎可能還閒情逸致的去茶具搬來移去。其實含葉泡法簡單地說，就是將茶投在容器中，用熱水沖泡後，直接口就器皿喝了。其實用蓋碗就是一種含葉泡法。

熱泡之含葉泡法注意事項：

一．適合葉茶為主的烏龍：由於烏龍以葉居多，吸附水分後較重，容易沈澱於器皿底部。

二．投茶量減少：由於不再濾出，未免溶出物過多，可比一般壺泡的茶量減少二分之一。

三．降溫：由於此法適用於忙碌時無法一泡一泡的濾出，建議利用較低的溫度來控制出味速度，以免高溫沖泡過頭，造成苦澀的現象。

以上的方式也可以用在馬克杯，或是可以去買辦公室常見有上蓋的馬克杯，裡面還附有濾網層，使用上更加方便。

冷泡法：免顧懶人最適用

冷泡法是近期相當流行的泡法，主要是方便、簡單。冷泡茶也是含葉泡法的一

掌握要訣，工夫茶泡法也很簡單。

種，可選用發酵度或烘焙度較高的茶類，出味速度較快。唯一不同的是利用極低溫的方式來萃取茶的滋味，常溫或冰水皆可，低溫的好處是咖啡因與兒茶素溶出速度會減緩，因此會大幅減少，不易苦澀，甘味增加。

冷泡範例（以一百六十毫升寶特瓶為例）

茶量：半球型烏龍茶約一瓶蓋；條索型紅茶約兩瓶蓋

步驟：將茶投入水中即可。夏日常溫下約一至二小時會陸續出味；冬日約二至六小時。亦可冷藏，溫度越低出味時間則需越久。

深韻香氣繚繞的工夫泡

泡茶求的是均質；不是求固執。學習好好地泡一杯口口回甘，又能香氣亙久的好茶，是許多習茶者的心願。當然，泡茶有許多形式，在此可以分享幾種常見形態，其餘的各種衍生，皆可於熟練後再各自發揮。只要把握下列要素，每個人都可以是泡茶高手。

一．準備：依照個人的手勢與習慣，先將器材準備好。記得泡茶是左右平衡原則，若右手執壺，建議左手提燒水壺，用左手者則反。

二．溫壺溫杯：將溫水先注入到壺中，靜置十至二十秒後，再出湯倒入品茗杯中，進行溫杯。

三．賞茶：在茶投入壺之前，會將茶則上的茶乾拿起觀賞，同時也是再度檢查茶葉是否有問題。若有賓客，會將茶則遞給客人，請之觀賞。

四．納茶：觀賞茶乾之後，溫柔地將茶緩慢投入茶壺中。

五．注水：將水注入至茶壺中，建議水柱可拉高，使氧氣打入壺中，香氣會更好。

六．靜置：依照茶性調整靜置時間，同時也調整泡茶者的心情。

七．出湯：浸泡時間到後，將茶湯注入至茶海中。

八．分杯：以茶海平均分配茶湯至每個品茗杯中。

九．品茶：遞杯予每位賓客，享受品茶。

好

如何喝一杯好茶

喝茶一杯，可以簡單，亦可以複雜。但在這，想要告訴大家如何用最簡單的方式喝出茶最底層的層次。品飲的方式，會直接影響到茶味的呈現、香氣的轉換乃至茶氣的運行。喝茶太過迅速，味道層次全部無法細品，就像匆忙慌亂地行走，就無法欣賞到沿途風景一樣。因此，而茶葉的種製，是天地人的結合，因此好好學習品茶，亦是向茶農們至上最高的敬意。

靜心緩嚥一品分三口，體驗極致茶香回甘。

一品分三口：五感訓練

一．緩氣：拿到品茗杯的時候，千萬別急著喝。喝茶是訓練五感的最好方式，因此拿到一杯茶，不要急著一口氣倒在嘴中吞下。

二．靜心：高溫時，上層都是蒸氣，不易聞香且易燙口，此時最好靜心沈澱心情等待，校正急躁身心。

三．眼觀：等待降溫時，先觀茶色，可由茶色之清濁濃淡，來做茶質的初步判別。

四．鼻嗅：觀色後，聞茶香是一個重要的步驟。茶的有趣在於從高溫到冷香，會一直不停的變化，而隨著茶的品種、年紀、陳放因素、茶器…等參數，可訓練自己對於氣味的敏感度。

撇頭聞香：聞香時要注意，請勿將氣直接往杯中吐，讓餘味殘留在杯中。聞香後要撇頭往他處吐，一來讓香氣一直乾淨保留，而若有他人要聞香，也是種尊重。

五．品茶：降溫喝茶後，別急著吞下。可將茶含在嘴中久一點，到兩頰開始有唾液出現。

六．生津：當兩頰唾液開始分泌生津時，此時可以感覺得茶的滋味開始有了巧妙的變化，甘鮮滋味逐漸上升。

七．慢嚥：當有感受兩側生津後，再含數秒，以極緩之速嚥下，感受茶湯從舌面、舌根、喉頭一路到胸腔的流動，有意識的吞嚥著。

八．吐氣：此時可深深吸一口氣，以意導氣，接著緩緩地將氣往喉、胸腔內吐，能吐多長就多長。越深則回頭吸氣亦會越深。此時會進行到深度呼吸，整個身體內都會感受到茶的香氣和雋永回甘。

選

選茶之要

茶是一門神秘學，從植物學一路到禪學，萬千變化，真的是學也學不完。但最終究的，茶還是要喝到人的肚子裡，既然如此，如何選購健康的好茶讓自己身心平衡，並且獲得真正的養分是相當重要的課題。在這，提供一些簡易的選購方式讓大家參考，不過最重要的還是自己要多提升對於物料的敏感度，還有要喝到更正確與乾淨的物料。

一・品種與時節：如同前章所提到，茶樹有分早、中、晚生品種。因此「節氣」是消費者參考的重要依據。而一般茶葉採收，中低海拔一般皆以二十四節氣為依據，時節到，早生種會先做採收，依此類推。值得一提的是，霜降後，採摘由高海拔茶區往下延伸至低海拔茶區，與春日節氣採摘順序相反。

春茶：春分~立夏
頭水夏茶：立夏~夏至
二水夏茶：夏至~立秋
秋茶：立秋~霜降
冬茶：霜降~大雪
冬片茶：大雪~冬至
晚冬茶：冬至~立春

二・製作工藝：而現在許多人買茶，不求甚解簡化到只看高度，這種嚴重的高度迷思，加上一昧迎合消費者的廠家，讓所有烏龍茶的製作流於過度清香化，導致茶區風土味逐漸消失，栽種品種過於集中，讓許多精良且優秀的製茶技術不斷流失，導致消費者都以為茶味都只有單一調性。殊不知，一杯好茶，從優良的茶園管理到製作工藝，都是取決的關鍵點。所謂製作工藝，是突顯每種茶該有的特色，讓茶本身繽紛多元的滋味呈現予消費者，就和品酒一樣，每種茶都有其特色。

三・商家信譽：不管是直接與茶農或是和店家購買，「信譽」是一個極為重大的參考值，以質為主，以包裝為輔，鼓勵種植或銷售者能在本質上提升，對消費者也是保障。

四・產地特色：臺灣從北到南，從西到東，幾乎都有產茶，每個茶區都各有異趣。而臺灣本身因為天然地理條件多元，因此造就各茶區所呈現的風土氣息皆不相同，因此可以多嘗試不同茶區的茶，以作為比較。

五・乾淨度：選茶，最重要的一定是乾淨度。這邊所謂的「乾淨」，並非指包裝上的乾淨，而是指口感、色澤、氣味到餘味的純淨度。好的茶，不管老茶、新茶，即是色澤深濃，也會呈現乾淨爽朗的顏色。氣味上，芳香撲鼻無雜味，有穿透性且隱隱環繞，並非像香精一樣濃烈連續，怎麼聞都毫無變化。在口感上，從細緻淡雅的白茶，到厚實醇濃的熟普，只要是好茶，都有富饒多層次的滋味，生津具活性，使人身心都舒暢。

六・觀葉底：一般泡完的茶葉，茶湯濾出倒出來後，我們稱作「葉底」。葉底藏不了秘密，好壞優劣，一次攤開，好的茶葉底的相與味必須乾淨，就像剛洗完臉素顏一般，無法隱藏。這也是每次泡茶我所會審視檢討的。

破解迷思

學習物料不外乎就是要多接觸，保持合理懷疑理性思考的獨立判斷。就像現在我一直覺得價格不應該用高度、機採⋯等等作為最後依據，應該是以成品的風味與工藝樣貌來決定。不然這對用心製作的人太不公平。試想如果一家餐廳的價位全部都以食材的海拔高低做售價判斷，而不是廚師的用心還有內外場的管理，那是有失公允的物料炒作遊戲而已。

一．茶價以高度論：這是一個完全錯誤且荒謬的觀念。買茶著重工藝，才能喝到真好茶。高山茶興起後，海拔高度被渲染到完全忽視了茶葉做足工才是王道的真理，多元豐富的臺灣茶風味被簡化到只剩下海拔高度的數字，實為不該。這就像好的原料也必須有好的廚師以正確的手法來料理，才會帶出原料該有的養份與美味，茶也是同樣的道理。

二．只有綠茶養分最好：六大大系的茶都會因製程帶出各自的養分。不發酵的綠茶兒茶素含量最高；部分發酵的烏龍茶溫和的烏龍茶質；全發酵的紅茶有茶黃素、茶紅素，各自都有其養份，應該依照體質或時令來調整。

三．普洱茶沒有咖啡因：咖啡因是穩定物質，只能在製茶或陳放中逐漸帶走，普洱的原料也是山茶科，當然有咖啡因，只是含量多寡。

四．在茶行喝跟在家喝的不同：這是我聽過最多人抱怨的一件事。但許多人常忘了兩個重要關鍵點——水質、茶器。每家每戶的水質還有器皿材質都不同，這兩者是很大的參數變化，因此，有時候要反思這兩者的異動而造成口感的差異。

五．機採的茶不好：採對茶是做好茶的第一道關鍵。採茶工的技術，從摘採的切面、應留有多少的成熟葉、採收速度⋯，皆為製茶品質的第一關卡。

在過去農耕社會人力密集，出動全家採茶是所有茶農戶很正常的現象。但現今人工成本日漸高昂，好的採茶工日漸年長，技術凋零，上工又是站在烈日下，

茶的採摘應視需製作之茶類而有所區別。

連續近七至八小時，採茶是個和時間賽跑的工作，僅有中午短暫的休息吃飯約十至十五分鐘，是極為辛苦與高度勞力的工作。加上山區地形複雜，氣候變化多端，有時候怕下雨搶時間，機採品質反倒比手採來的穩定，也容易採到優質的午時菁，製作上反而更勝手採。

六．一心二葉才是最好：這也是被廣告害慘的一個觀念。茶的採摘長度應依照製作的茶類而有所區別，過嫩或採過長都不好。有時候不好的採摘方式對茶樹日後危急的傷害遠比機採來得大。

七．品種偏見：目前臺灣茶種的種製，由於過度迎合消費需求，造成目前的陷入了品種選擇性越來越少的窘境，口感越來越單一。事實上，品種無好壞，好茶是來自於優良的茶園管理與製作工藝。

八．遼闊延坡建造的茶園才好：許多人一直以為茶園就是要沿坡而建。事實上茶園管理與水土保持無不相關。於水土保持的觀點上，茶園的坡度以不超過二十八度為限。平台式的茶園於管理上、氣候異常時的調節上及採收上的彈性調整度高，相對管理容易許多。

九．有機茶園就是雜草叢生：近年來，環保食安意識抬頭，有機或自然農法成為了一個很重要的議題。茶葉是農業加工品，是工藝、科學、物理與人文的結合。而自然農耕的茶園也必須是配合適當的茶園管理，例如：雜草不宜過多到搶過茶樹的養分，或留養到不適合的草。因此生態平衡的管理，是智慧與經驗的累積，不能以單一面向斷論。

不

如何不飲

雖說，喝茶是相當健康的事情，但飲食就是要歸於自然、符合生理秩序，才能夠讓身心真正處在平衡舒服的狀態，而每個人體質與後天環境皆不相同，任何飲食都要隨時省視自己身體最真實的反應，無囫圇吞棗道聽途說或偏執，如此才能夠真正享受健康品茶之道。

一．空腹不飲：由於茶葉中有含饑餓素，空腹時血糖較低，血液中的鉀離子會升高，因此空腹喝茶容易造成暈眩，對胃部亦會稍有刺激感。

二．濃茶不飲：此處的濃茶是指浸泡過久，而非茶湯顏色本身的濃郁。由於茶多酚會和鈣、鐵離子結合，也會和胃黏膜蛋白結合，因此長期習慣飲浸泡過久之濃茶者，反倒容易便祕喔！

三．服藥不飲：生病時，一定常會看到藥袋上千叮萬囑地寫道：「禁止與茶同時服用」。主要是茶中的多酚類容易與含金屬離子的藥物結合，會降低藥物的吸收度與活性，建議在服用藥物後的二小時再喝茶為佳。

四．睡前不飲：雖說茶的咖啡因含量已經比咖啡的咖啡因含量低很多，但是終究咖啡因是種興奮物質，即使是超低含量咖啡因的茶品，也會因為利尿作用，讓睡眠打斷，造成品質降低，建議依照體質需求，以不影響睡眠品質為前提飲茶。

五．隔夜不飲：有人買了昂貴的茶，有時泡忘了放在壺中整夜隔日繼續喝，如此喝茶相當傷身。一來長時間浸泡，茶的內容物早已氧化，二來若夏日溫度過高，物質早已酸敗，微生物繁殖，茶湯早已被污染了。

六．懷孕經期適量：茶葉中的鞣酸會與鐵元素結合，妨礙孕婦對鐵的吸收，因此孕期或經期若非常想喝茶，可將茶泡得較淡，如此同樣能夠享受好茶。我曾詢問過自己的母親還有阿嬤在過去懷孕時的飲茶習慣，她們在孕期時並無禁茶，但需適量斟酌，並適當補充鐵質即可。

茶在生活中的應用

Life Experiments

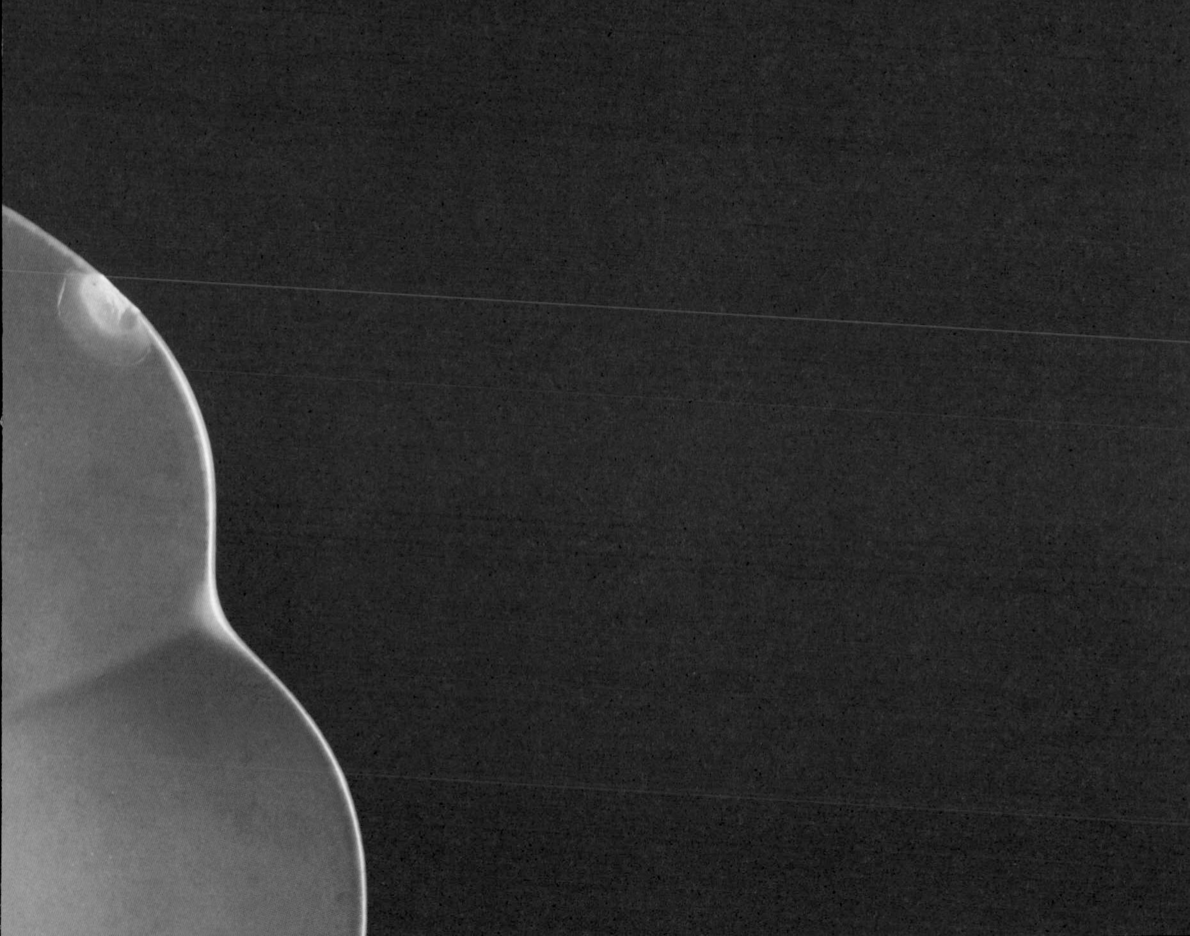

身處在一個過度消費與過度開發污染的年代，能讓物料多次重複使用，並且發揮到最極致，不但是愛地球，也是永續友善環境最好的方式。而茶樹從頭到腳；從生到死，都有其作用。榨茶油剩下的茶籽粉、泡完的葉底、過濾出多餘的茶湯……無一不有妙用。

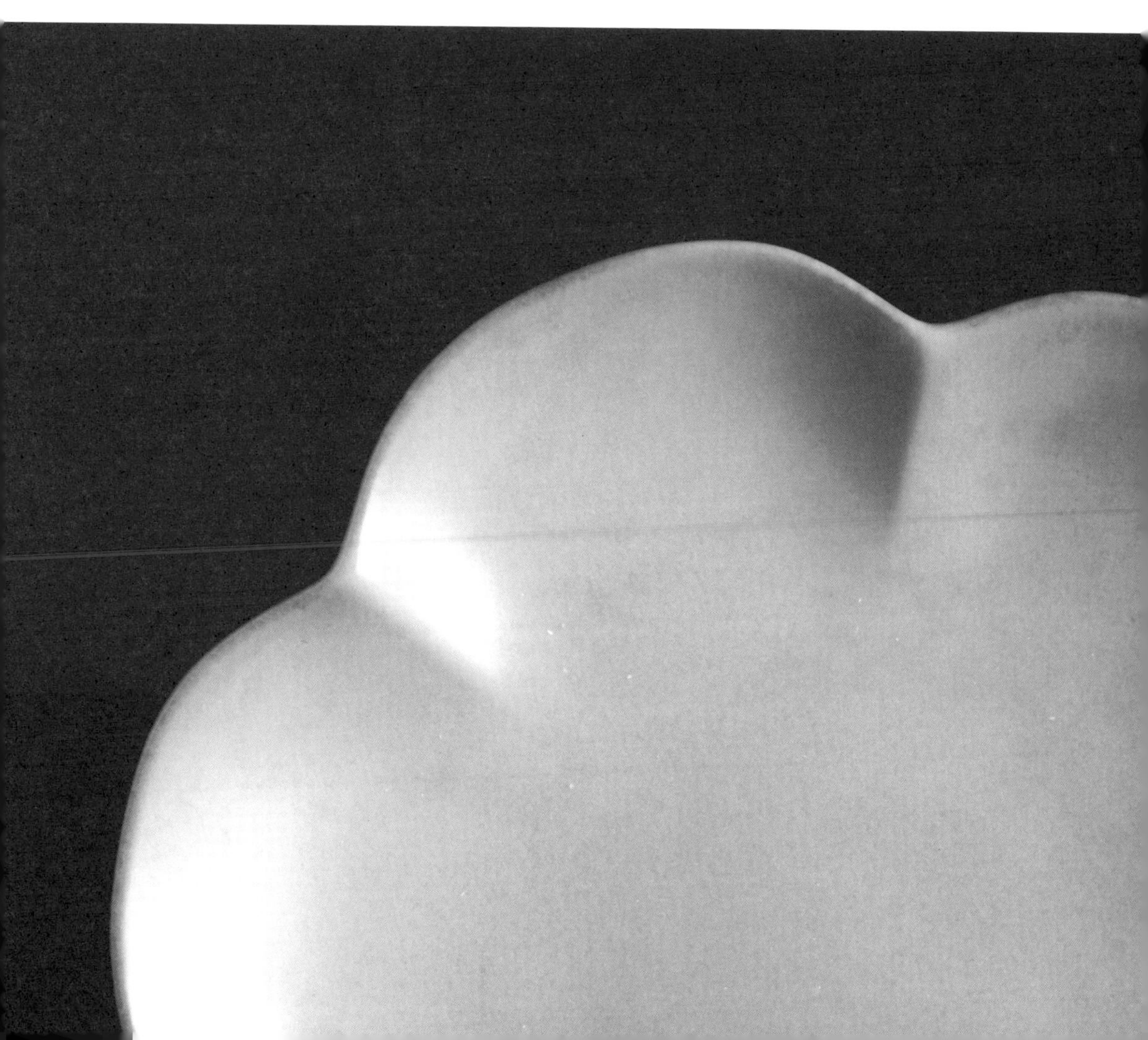

生

茶的環保生活

一棵茶樹，從生到死都有相當高的經濟價值。而其衍生出的副產品，也多數相當環保與天然。最常聽到的莫過於茶籽粉。茶籽粉是榨茶油時所剩下的緊實圓餅，其後打成粉，又稱茶箍（台語），或是茶粕，含有百分之十五至十八的天然茶皂素，茶皂素是一種天然非複方型表面活性劑，同時它還具有消炎、殺菌、鎮痛、抗滲透等藥理作用。

茶籽粉妙用篇：

一．洗碗：將茶籽粉放置於一器皿中，接著將溫水（約五十度）注入。溫水能讓茶皂素釋出速度較快，清潔力較佳。可用天然菜瓜布沾取，或是將碗盤浸入茶籽粉水當中，靜置約五至十分鐘，接著用清水潔淨即可，不咬手、對肌膚無負擔。更不用擔心界面活性劑的殘留。

二．拖地：可將茶籽粉丟入簡易茶包袋中，以溫水約五十度將茶籽粉泡開後，將茶籽粉水置入水桶，可直接用拖把即可。

三．油煙清理：同樣以溫水將茶籽粉泡開後，可用刷子沾取茶籽粉水，刷在油垢較多之處，等待約三至五分鐘後，用菜瓜布即可輕易刷掉。若油垢較厚之處，此法可重複幾次。

四．庭院除蟲：茶籽粉本身因為仍保有鹼性，將適量茶籽粉以水泡開，過濾後淋撒於植物上，可做為有機驅蟲劑，防治福壽螺、蝸牛或其他病蟲害…等，也適用於一般水產養殖的清塘消毒。

五．去角質：將小量茶籽粉倒在手掌上，加入溫熱水均勻推劃開，就可以成為非常天然無化學的去角質好物。易過敏者，建議先塗抹一小塊在脖子上確定是否有過敏反應。

六．製作手工皂：茶籽粉或茶油皆可入手工皂中，茶籽粉有極佳的去角質功能，若搭配茶油為基底油，還能夠同時潤澤肌膚，去完角質皮膚皮膚也不會感覺乾燥。

茶渣妙用篇

喝完了茶，通常會剩下一堆茶渣，許多人都會不假思索丟掉，實在可惜，事實上茶渣有非常多的再運用，環保又省錢，也是替地球盡心力的一種方式。

除臭使用

冰箱除雜味：將剩下的茶渣瀝乾後，直接放於器皿，置於冰箱一至二日後，即可取出茶渣，這茶渣還可以繼續放入廚餘桶發酵，做堆肥使用。

除臭包：讓茶渣在陽光下曬透後，放入紗布或是煮中藥用的棉布，可以橡皮筋做束口封緊，或依照自己的需求做成任何形狀，可放於靴子、衣櫥、書櫃內，當作除臭包，不定期拿出曬乾。裡面的茶渣乾，在不發霉的情況下都可以重複曬乾使用。或是有新曬乾的茶渣可再替換填入。建議布包做活動開口，方便每次再重新填入新的茶渣乾。同樣舊的茶渣乾可以再做堆肥，環保又省錢。

清潔吸油殺菌

拖地清潔：泡茶後，剩下的乾淨茶湯可再加水，或是茶渣加水（瀝出茶渣後），可拿來拖地。

砧板殺菌：木製的砧板很容易因為血水或是髒垢卡入後難以清潔，其實，只需要用茶渣擦拭表層，再洗淨拿去大太陽底下曬乾，就能夠去除髒污或是異味。

吸油快速：洗碗時，可把茶渣放到網狀物內（如：簡易茶袋或是清潔網布），或是將茶渣直接丟入很油膩的鍋碗中，略以熱水浸泡數分鐘，直接再用茶籽粉清潔，就會相當好清。

茶染

可將茶渣和水一起放入鍋內煮，煮出茶色後，將想要染的物品，例如：手帕、茶巾、圍巾，或任何想製作的布料放入，著色後晾乾即可。

堆肥

純茶渣是很好的土壤改良物，置放在器皿中發酵，做成堆肥，可增加土壤腐質成份。

茶枕

相當古早的做法，卻是可讓人聞著茶香一夜好眠的環保素材。將乾淨的茶渣在太陽下曝曬至全乾，接著再放入預先製作好的布包即可。可定期拿到大太陽下曬，重複使用，裡面的茶渣乾用到極限時，還可以再取出當作堆肥使用，填入新的茶渣乾。

美容清潔

可用剩下的乾淨茶湯當作洗臉水，若皮膚敏感者，請先再脖子區域測試，確定無過敏反應即可。

食

茶食之藝

除非今天人體的運作機制改變，否則許多身心的改變都要從飲食著手。我們希望人們多喝原味的茶；多學習簡易的烹飪。慢慢理解從土裡、天上、海中，這些物種萬世輪迴下所積蓄的真正能量，用心去體會，有意識的飲食，有想法的活著。茶在生活中，不僅是一種飲品，更是提升味蕾與五感靈敏度的絕佳媒介。當口、耳、舌的敏感度增加時，很自然地慢慢能分辨香氣或口感的真假，而良善的循環下，地球也能得到一個友善的平衡修復。

用健康美食重聚家庭功能。

所有的幸福，都從好好吃一頓開始

飲食不僅是口腹之慾，更是所有問題的根源。是文化、歷史、地理、社會學、人類學，乃至藝術性的呈現。許多的社會問題，都是來自於沒有好好吃一頓飯而產生。一頓好好被煮出來的料理，即使只是一碗白飯，吃下去依舊會覺得充滿了幸福感，而好的食材被好好烹飪，不但充滿了養分，更使人光彩健康。

健康美食重聚家庭功能

餐桌上的交流，即使是細鎖碎事，卻都是愛的交流。加上健康的養份，會使人身心更充滿愉悅。家的餐桌，往往都是我們童年最一開始的回憶，也是年老最思念的場景。所以，好好煮一頓飯；好好吃一頓飯，是學習愛人與被愛的方式，也是解決許多社會問題的根源。

因為，當吃下一口充滿美味的料理時，那一瞬間都會被滿足，那是能感受到被愛的幸福，而在那口當下就是最開心的時刻。而我們的生活若是被每個微小的快樂所填滿時，自然就不會想去做什麼大壞事，許多社會問題自然就會消失。

從動手煮食中學習人生的平衡點

「每個人都能有基本的烹飪能力，讓自己與家人更健康。」這是我們一路以來的心願。推廣健康原食到正確的料理科學是漫漫長路，卻也是解開食安危機最好的方式。

「茶」本身就是食材的一種，而臺灣本身有非常好的原料，亦有產地優勢，做為茶食的推廣與發展是最佳之所。然而，茶是一個非常細膩的物料，失之毫厘就會帶苦或是完全被掩蓋過去。而茶料本身的等級也是差異頗大，而許多人做茶菜或茶點時，未從茶的本質上探究。因此茶要入菜，要彰顯茶的香氣與特色，又能夠其他食材平衡，互不搶味，實之難矣。

在一路學習與實驗的過程，我一直鼓勵 Jeff 要學習茶葉，甚至最後我們雙雙去考了評茶員，Jeff 也是少數有廚師與評茶員雙重身份的人，因為以茶校正味蕾與五感是最快，而且可以學習到靜定與平衡，對於烹飪上的幫助甚大。

而之後的食譜，是我和 Jeff 花了頗多心力在研究與實驗，從茶料與食材的對應與搭配性，有創新也有傳統，每一道保證讀者在家都能輕鬆、快速、簡單就能做出色香味俱全的健康茶料理。

以下的食譜分為：
一．茶點：以茶入甜點，中西融合
二．茶油料理：以傳統苦茶油與茶籽油入料理中
三．茶料理：以茶入料理，中西融合

而您可以學習到：
一．真正茶香與物料的平衡融合滋味
二．茶油的基本認識與辨認
三．五感應用的延伸性
四．排盤美學的藝術性

在研究食譜之前，特別針對多數人混淆的茶油特性與區別，做一個簡述。

茶油．珍稀如金，東方瑰寶

茶油是老天爺給予人類的珍寶，在全世界僅有少數地區能夠產出如此珍貴的油，臺灣就是其中一處。為何說茶油珍貴？大地之母，蒼穹之下，山茶科的籽要花上三百多天以上才臻至成熟，經歷四季，那些嚴峻的、順應的、惱人的、和順的氣候萬千變化。像是吸取日月精華般地，孕育了許久後，再慢慢地以手工一點一滴地去採籽、曬乾、炒仁、壓榨……。

茶油之珍貴養份

論起營養成分，茶油可說是老天爺賜與人類的珍寶、東方的橄欖油。茶油類的優點如下：

一．適合臺灣人體質：傳統製作上，有低溫炒仁的步驟，只要是用物理性壓榨，都是冷壓。低溫炒仁可將生物鹼本身帶寒的特性轉為溫和，對於溼度相對高的海島型氣候，更為合適臺灣人的體質。

二．富含珍貴 Omega 9：可促進 Omega3、6 的功效，能降低血液中膽固醇。

三．耐高溫，穩定性高：起煙點約二二〇度，非常適合中菜有較多煎炒的料理，穩定性高。

四．含有高量維他命E：高度抗氧化功能，對於肌膚保濕與潤澤，都有相當好的效果。

五．含有珍貴的角鯊烯成份：能高度保濕、抗自由基，也有殺菌、抗菌功能。

六．含茶多酚、山茶甙；茶油類是少數仍保有茶多酚的好油，經醫學證實可以降低膽固醇，有效疏通血管，預防動脈粥樣硬化。特別是山茶甙，可幫助溶化血栓，強心臟預防腫瘤。

苦茶油？茶籽油？傻傻分不清

苦茶油？茶籽油？名稱傻傻分不清。

許多人一直分不清楚苦茶油、茶籽油……等名稱，不僅名稱讓人混淆，苦茶油這「苦」字更是承受了好幾載的不白之冤，因為好的苦茶油可是香甜滑順，一點都不苦！希望透過簡單說明，讓人們能夠輕鬆秒懂兩者差異，也能夠替正港的台灣好油扳回一城。

苦茶油：山茶科，以茶油樹所結之籽，分大果與小果。壓榨製作。其葉不飲。香氣青草、山林清冽氣息，口感高雅滑細，色澤多偏碧綠色帶黃。分子細緻，適合擦身體。

茶籽油：山茶科，以一般烏龍茶樹所結之籽，壓榨製作。其葉製為飲品。堅果、淡咖啡香、微可可香氣息，口感醇厚綿密，紅棕琥珀色。分子極細，適合擦臉。

兩者皆可塗、擦、吃，外用內服皆可，做為肌膚保養、消炎止癢、潤髮按摩，效果極佳。

一年到頭只用茶油養出吹彈可破的健康肌膚

「用油保養皮膚？難道不會太油嗎？」這句話我已經被問過不下千次，當每個女性朋友聽到我竟然長年不使用任何市售保養品，只單用茶籽油與苦茶油保養全身都詫異不已。

而我的回答永遠都是：「一點都不會油！這才是最天然、最棒的超級保養品。」我自己一年三百六十五 天，天天只用這兩種油保養全身，從頭到腳，即使到了極乾冷的歐洲，照樣兩瓶油解決，年紀越大膚質越好。其因為下：

一・天然無化學的超級護膚品：因為家裡產茶，所以自然有茶籽，只要採收時間到，阿嬤就會照著傳統的方式製作茶籽油當作我們日常的飲食或是保養用油。拿茶籽油直接塗抹於皮膚上做潤膚保濕，或是拿來做傷口消炎等，在古早化學商品不盛行的年代，用純天然的油是再自然不過的事情了。

使用純植物油保養，從古早埃及時代即有，那是人類與大自然最和諧的平衡模式，我們透過正確的飲食與單純用料來呵護自己的身體，都是呈現一個最良善的循環。反觀現在，看似科技進步，有許多選擇，然而事實上我們卻毫無選擇，因為我們能選擇百分之百天然產物的機會越來越少。

二．好吸收保濕度高：植物性的油脂和脂肪都可以進入角質層和表皮層內，能夠被人體吸收並修復皮膚的運作。在植物性油脂中，幾乎都有順式亞麻油酸（即 omega-6）的成分，能夠平衡皮膚防禦功能的失調情形，形成皮脂保護膜，同時間提高肌膚保水度，減少乾燥。以我親身經驗為例，一至二滴就可以擦全臉，多用幾滴就可以擦全身，即使在乾冷的歐洲旅行時，一樣可以早上擦一次保濕一整天。

這樣頂級單純、無化學負擔的好油脂，不用擔心香精、防腐或是任何看不懂的成分加諸在自己身上，減少化學干擾。而天然的東西用了一段時間後，回頭再去聞之前使用過的化學保養品，就會覺得有股濃烈刺鼻的化學味與不舒服的香精味。

三．環保愛地球的保養方式：一年到頭保養皮膚大約用了四至五瓶台斤的茶油，每一年茶籽油榨好後，我們會去買兩個不透光的按壓式小鋁罐，一個大約五十毫升；一個大約三十毫升，一來可隨身攜帶，用完了就再填裝進去。如此一來也可避免大罐油在開開關關之下，容易造成氧化，二來省卻了瓶瓶罐罐的污染，也減少了因為製造包裝耗材的浪費。

四．越單純越美好：曾幾何時，化學商品的大量洗腦，灌輸許多似是而非的觀念，造成世人對於天然產物以及傳統的智慧不屑一顧，反其道而行地讓身體一直在無中生有的化學商品中，要我們不停地消費其實身體不需要的商品。除了製造出許多污染，也製造浪費。

我一直深信，大自然就給予了我們許多解答和材料，是最好的身心修復者。我常年不使用任何市售保養品，僅單靠一款油保養全身，又喝又擦又抹，單純、環保、吃得正確健康，用得單純乾淨，身心都能獲得照顧。

如何辨別茶油真假

一．產期：茶籽通常在每年冬日之後才臻至成熟，若一般茶農自行生產，多數一年僅能生產一次。

二．泡沫：輕搖氣泡細小持久，表示油的純度高。

三．氣味：正常的苦茶油或是茶籽油，雖然氣味會有區別，但是原則上新鮮壓榨出來時，是不會有油耗味或是其餘雜味。即使陳放了一段時間，但是若未開封，應該都是純淨的氣息，頂多是高香氣味下降，不如新鮮的剛榨完的，可是食用上未受污染都是沒問題的。

四．色澤：晶瑩剔透。透光下會有亮眼如寶石般的純淨光澤。

五．觸感：可將少量茶油滴在手上塗抹測試，純的茶油是吸收度快且味道散掉速度快，很保濕但皮膚卻不會有油膩感

茶油料理應用廣泛、天然健康

放眼全球，臺灣產出高品質的茶油，多數仍以果仁粗製初榨而成，以食用油而言，對人體是最健康也是最環保，無化學萃取的好油。而許多醫生、營養師等也都相當建議人們食用茶油，不僅營養成分充裕，而且在料理上的應用也能使得口感層次更加豐富，最重要的是茶油為耐高溫的穩定油脂，在烹飪上不易導致質變，是一個值得鼓勵食用的好油。

使用茶油料理之優點：

一．健康營養：誠如上述所言，茶油類都是耐高溫且穩定的優質食用油。
二．產地直銷，新鮮度足：由於臺灣本身是產地，新鮮度上較無疑慮。
三．減少污染：無需長途運輸，因此減少運輸時造成的環境污染。

無

茶無止境

茶一直是活的，這是許多茶人的共通認知。因為茶即使在製作完後，其成品依舊有活性的存在，氣味口感依舊不停地轉化改變，如陳放條件、儲存材質等各類參數影響亦不停往上增加。而學習上難免遇到瓶頸，包含我自己也是一樣。因此，開放心胸地向各方學習，觸類旁通，才是精進學問之道。

大自然就是最好的導師。

對於一個初學者，以過來人的經驗來分享如何增進品茶之實力，可以用下列的方式：

一．書籍閱讀：書，是學習最好的媒介。一本好書，等於是請了一個好老師一樣，可減少摸索時間。

二．嘗試比較：在學料的過程中，建議以經濟允許的範圍內，小量購買品質最好的。讓身心記住最好的味道，也不會因為長期用料低下，干擾五感，如此學料進步才快。

三．學習品酒：品酒有助於鑑別茶葉的發酵與後發酵之層次判別，西式的餐酒文化對於茶與食的創新搭配也相當有助益。

四．學習咖啡：品咖啡，對於茶葉乾燥與烘焙口感的訓練有很大的幫助。好咖啡的層次感，同樣令人驚豔，就像是另一場味蕾的旅行。

五．學習烹飪：許多人在學物料到一個程度後，會容易有瓶頸，而學習自己煮食，透過從物料的採購、接觸，烹調上的調整，而感受到另一種飲食的層次，味蕾其他的區域才會慢慢再被打開。

六．走向自然：大自然，就是最好的導師。我們的食材，是從自然慢慢孕育而成，在大自然中，所呈現的色、香、味，永遠和人工或印刷後的不同，觀察並在大自然中接觸物料最真實的原樣，對於五感的發掘，是最有幫助的。

七．下問農夫：有機會就多與農夫接觸。有經驗的茶農，可以告訴你許多故事，這故事包涵了天地人之間的挑戰與協調，是我們最佳的學習對象。

茶食提案

茶香

Sesame Tea Saurce, Shrimp Pasta, Macaroni, Risotto,
Pizza, Salad, Warm Salad
Beef Yaki, Spaghetti, Grilled Lamb

茶食

Chicken Pot, Duck Breast, Smoked Chicken,
Steam Seafood, Ochazuke, Crispy Tofu, Risotto, Oyster Mushroom,
Chicken Stewed, Seafood Soba

茶點

Creme Brulee, Tiramisu, Tea Jelly,
Spiced Fruit, Panna Cotta, White Chocolate, Black Chocolate,
Financier, Madeleines, Canelé

飲食，是人生最重要面對的課題，從生到死，無不與一口食物有關。一口食，是所有事物的開端。餐桌上，所交流的不僅是美食，更是各種深層的情感交流。

烹飪的藝術，不僅在於美味的當下，更重要的是能夠給予養份支撐我們的健康。這其後的課題還包含著：美學、環保、食安。每一物料的產生，都是上天給予我們最好的禮物，用心與食材交流，即使再細小都能欣賞他們的美、感受他們的活力，與他們成為朋友，並感恩他們的奉獻，帶著敬意的料理著，就是對他們最崇高的致敬。

好的料理，是面面兼顧。從認識農夫、產地材料的優勢、物料正確的烹飪手法到最後盛盤的藝術性。好的料理，會像音樂般地堆疊，口感是明確清晰，不是糊成一片。切料的大小、食材的長寬、酒的比例、品種的選擇、逆紋切、順紋切、何時該放何時該收，每一個細節就像譜一首曲一樣，要適當恰好，沒有一絲多餘。

而理論終究是理論，沒有摸過菜葉的柔軟、沒有感受肉質逐漸地酥軟、沒有聞過梅納反應下的香氣、沒有聽著那水氣熬煮時蒸散的剎那、沒有替自己好好做一頓飯，沒有感受真實的養份，那終究是沒有真實地體會地，沒有真正動手替自己煮一頓飯，終究是無法改變食安危機。

而當我們真正體悟到自己煮食的樂趣時，你就實際成為了主宰自己命運的人，因為你開始主宰著自己的健康。

用現成添加物做菜是廚匠；烹煮出食材天然真原味是宗師。接下來的食譜，都是以最天然原食的方式呈現，沒有花俏的手法，每個人都能輕易上手，除了希望鼓勵大家多手動煮給自己、家人吃，感受分享與健康飲食的溫度，更希望許多人能因此重新找回家的溫暖與自己的健康。

味道無法陳列，只能回憶。口感無法展示，只能懷念。人們景仰美術館中的畫家之時，常忘了千古年來支撐著我們人類生存的一口食。

最後，於此感謝製造出這些天然美好食材的農夫，他們是更需要被好好景仰紀念著。

茶麻薑醬油

材料

茶籽油	五十毫升
黑麻油	五十毫升
老薑切末	五十克
蔥絲	少許（泡冰水後瀝乾）
辣椒粒	少許
芝麻	少許
白飯	約六碗

步驟

一．將茶籽油跟老薑放入鍋中，用中小火爆至有香味出來，約十分鐘。**二**．最後倒入黑麻油。**三**．用清水清洗米，洗一次就好。放比較少的水，讓米飯可以呈現一粒一粒的顆粒感，煮完後的五分鐘，開蓋，再悶十五分鐘。**四**．取一飯碗，將白飯填入後，倒扣在盤中。**五**．在白飯上淋上茶麻油醬，再灑上少許蔥絲，芝麻與辣椒粒呈盤。

茶籽油、麻油、老薑這三物本身都是以提供熱能與補充氣力為主的好物料，茶籽油本身溫而不躁，可平緩麻油的躁熱感，老薑行氣久，還能夠祛濕寒，其中的「薑辣素」成分，可促進血液循環，提高新陳代謝，並且能夠延續茶、麻油在體內的養份和能量，就像一個勁量電池一樣，提供超強力的電力。

麻油適當地搭配在料理中，能瞬間提起香氣，麻油是以芝麻為底，一般白芝麻壓榨的稱為白麻油；芝麻壓榨而來的稱之黑麻油或是胡麻油，香氣較白芝麻油高。

茶麻薑醬的做法簡單，容易上手且香氣濃郁，能提振食慾，任何年紀體質都很適合，可以一次做多量，隨時用於炒拌飯麵，或是直接沾麵包吃也相當可口。

茶香

1　Sesame Tea Saurce

茶香爆炒鮮蝦義大利麵

材料

義大利麵九號麵	二百克
鮮蝦	十八隻
蒜頭	十克
苦茶油	四十五毫升
巴西利	一支
乾辣椒片	少許
帕馬森起司	少許
鹽	少許

步驟

一・先將蝦身的腳用剪刀剪除後，用剪刀將蝦身開背後，將腸泥挑出後，用清水洗淨。**二**・義大利麵放入加鹽的滾水，煮十分鐘後，瀝乾放入小鍋後備用，並拌上少許的苦茶油。**三**・把十五毫升的茶油倒入鍋中，將蒜頭，蝦頭及蝦身爆出香味後，拿出蝦頭及蝦身，並將義大利麵放入鍋中。**四**・鍋中加入四分之一杯的煮面水及苦茶油，開大火，用力攪拌，讓醬汁乳化。**五**・將蝦身放入鍋中拌炒一下，最後放入巴西利、乾辣椒片及帕馬森起司和一點鹽，起鍋擺盤。

利用苦茶油耐高溫的特性，可順利將蝦油炒出。而苦茶油溫和帶青草香的特性，可增加起司的豐厚度但又不致過膩，香氣上也更為高雅。

而如何把義大利麵給煮好，是許多人在烹飪上的困擾。以下提供一些小技巧。若要有彈牙感，可比包裝上所提供的建議煮麵時間少一分鐘左右。煮麵時，須加鹽進去，煮麵水的鹹度調整到與海水濃度相當，其份量約水量的千分之五到十，主要是要讓麵條入味。麵條瀝乾後，一定要混入優質的油，以免麵條相互粘黏。

茶油焗義式通心麵

材料

義式通心麵	二百克
鮮奶油	一百五十克
莫札雷拉起司	五十克
苦茶油	四十克
紅甜椒丁	二十克
黃甜椒丁	二十克
青花椰菜丁	二十克
義式去籽黑橄欖丁	十六個
辣椒切片	少許
鹽	少許

步驟

一・麵煮熟後瀝乾水份，加入少許鹽調味。**二**・在麵中拌入鮮奶油及苦茶油，可視情況加一點煮麵水，放入焗烤盤中。**三**・烤盤上撒上各式時蔬切丁，再鋪上莫札雷拉起司跟義式去籽黑橄欖切片。**四**・放入預熱的二百二十度烤箱，烤至起司融化，約二十分鐘。

焗烤通心麵是大人小孩都喜愛的一道料理，起司在焗烤後會有醇濃厚實的口感，拿起時有牽連不斷的絲條，加上經過梅納反應後金黃微焦的脆皮感，撲鼻陣陣的香氣，讓人難以抗拒。

苦茶油加入後，讓起司的香味更有層次。整體口感濃郁又帶著些許的優雅感，這道料理非常適合加入自己喜歡的時蔬，輕鬆快速簡易，也能鼓勵小朋友多吃蔬菜，補充纖維質。

而這道料理的好處是在於，處理好降溫後，可直接冷凍。日後若有宴客需求時，可以於前一晚退冰，待食用前入烤箱加熱即可，迅速輕鬆方便。

茶香

3 Macaroni

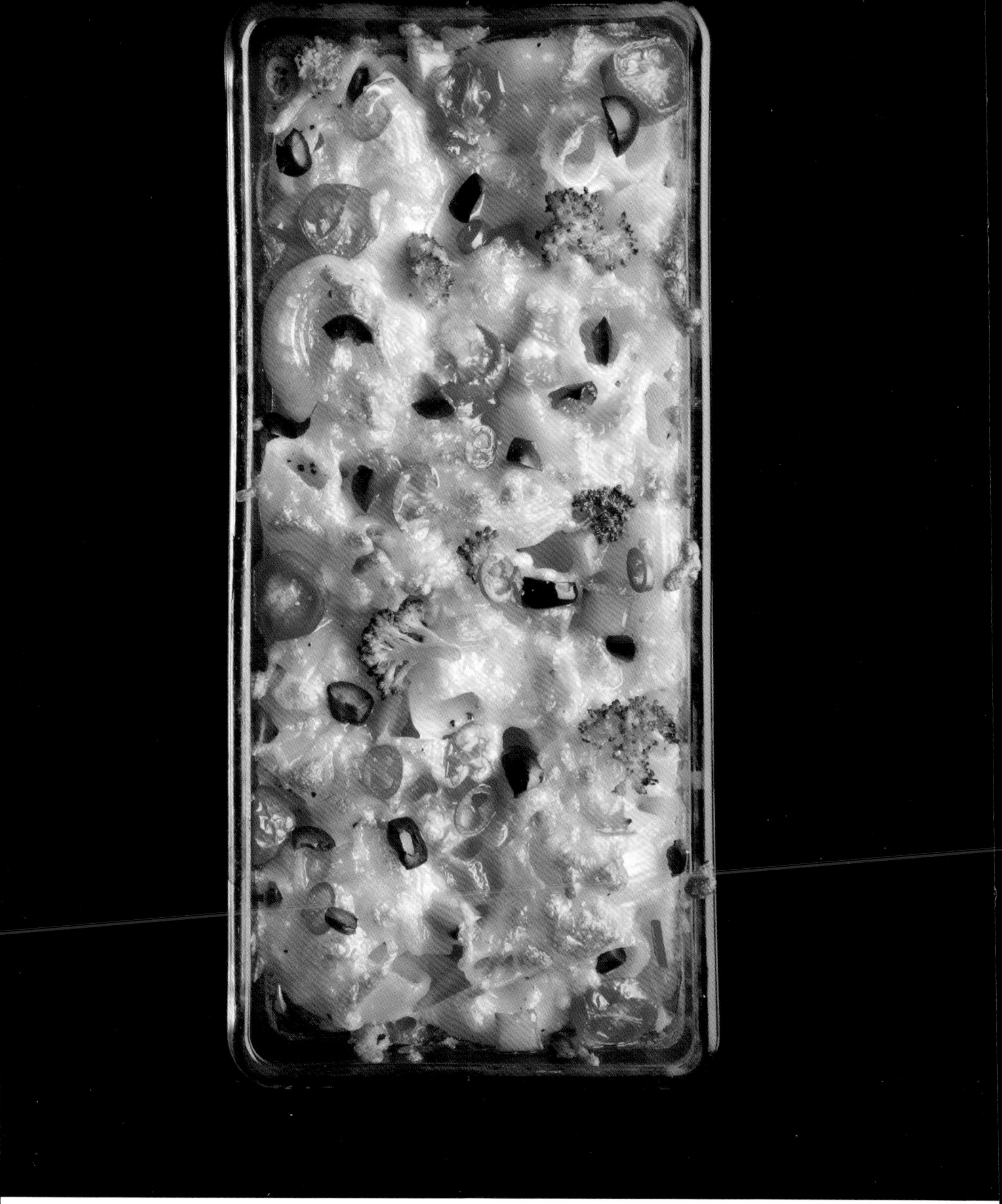

鴻喜菇	一盒
新鮮香菇	三朵
隔夜飯	二碗
奶油	五克
鮮奶油	三十克
帕馬森起司	少許
蝦夷蔥切丁	少許
日式高湯	水一公升・昆布十五克・柴魚三十克

步驟

一・將水及昆布加熱至九十五度，拿出昆布，放入柴魚，加熱至水滾後約三十秒至一分鐘，待柴魚下沉後，將柴魚撈起，即成日式高湯。**二**・將去骨鴨腿肉以皮朝下方式，用茶籽油煎香並煎至熟透後切成十二等份，靜置。**三**・原煎鍋的油加上二大匙的茶籽油，加入鴻喜菇跟新鮮香菇。煎出味道後，取出少許的鴻喜菇，留著擺盤備用。**四**・鍋中加入白飯拌炒三十秒後，再加入一些柴魚高湯。**五**・燉煮一分鐘後，開大火，收汁。立即加入鮮奶油，最後加入一點奶油，讓其乳化後，最後將鴨腿肉放回去擺盤。**六**・取模具，將飯壓成圓狀，並放上煎鴨腿肉，在外圍放上少許的鴻喜菇和蝦夷蔥切丁。

這是一道入秋冬後，暖身溫補的好料理。茶籽油性格平溫，充滿養份，能支撐體力，協助行氣，其堅果香又能使料理份外可口鮮甜。此外，鴨肉可養胃、補腎、並止咳化痰。而利用茶籽油耐高溫穩定之特性，可將鴨肉煎的更為香酥，也能與柴魚高湯、鮮奶油、起司……等和諧共處，是一道健康又能親子共享的好料理。

飯 油

茶香

4 Risotto

玉米筍切片	少許
鹽	少許
黑胡椒	少許

步驟

一・在攪拌缸中混合中筋麵粉及鹽。**二**・混合水及酵母，將水及酵母的混合液體倒入麵粉並混合均勻。**三**・用攪拌器的中速將麵團打成形，需要約七至八分鐘。**四**・將麵團取出，用手將其成形為球狀，並用保鮮膜包起來，讓其置於室溫（約十八度至二十二度間）發酵五至六個小時。**五**・將麵團分成一二五克的小球，並放到獨立的塑膠袋中，置於冰箱冷藏，可放二至三天。**六**・使用時，將麵團放至室溫，回溫二十分鐘。用手及捍麵棍將麵團成形後，放上配料。**七**・將麵團桿成〇點二公分的厚度大小後，依序鋪上苦茶油、起司與各色的蔬菜。**八**・鋪料完後，撒上適量的鹽與黑胡椒。**九**・放入預熱二五〇度的烤箱，烤八至十五分鐘上色即可。

苦茶油雅緻的堅果香，能夠巧緻地將與起司的濃厚與蔬菜的爽口連結起來，與烤透的麵團散發出天然宜人的麥香味呼應。

記得蔬菜的處理勿有過多的水份，讓披薩保持乾爽，切丁也要平均，不要有大有小，以免影響熟成的速度。起司的用量不需太多，否則會過鹹。在口感的經營上，並非越複雜越好，反之，利用簡單的食材尋求平衡才是王道。

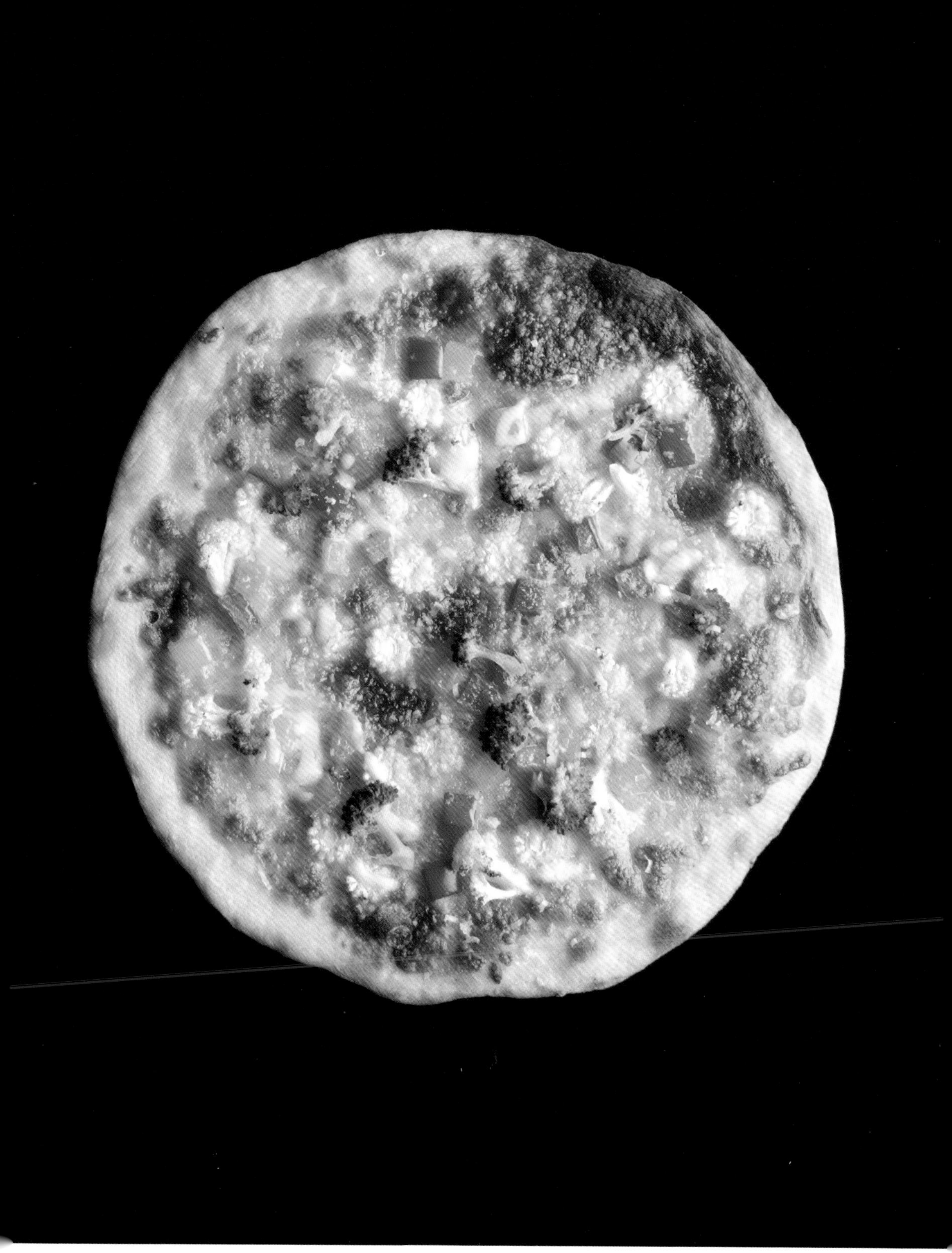

義式茶油甜橙海鮮沙拉

材料

蘿蔓生菜	一個
洋蔥	四分之一個
小番茄	三個
麵包丁	少許
去籽黑橄欖	五個
白蝦	一百克
花枝	一百克
帕馬森起司	少許
苦茶油	三十毫升
甜橙汁	三十毫升

步驟

一・將生菜清洗後，用冰水泡五分鐘，脫水備用。**二**・洋蔥、番茄及黑橄欖切至適當的大小後備用。**三**・將白蝦跟花枝用紙巾擦乾後，煎香備用。**四**・取一沙拉盤，放上生菜，並將洋蔥、小番茄、麵包丁、白蝦及花枝依序平鋪於沙拉上，磨上少許帕馬森起司，要吃之前再將苦茶油與甜橙汁，均等比例混合後即可淋上沙拉上。

爽口又帶著高纖維的沙拉，常常是西菜中的第一道開胃菜。沙拉的清爽性與口感，會深深影響後面接續要盛上的料理。就像是一首曲子的前奏，又像是一本書的引言或說是一場戲曲開始鋪陳的引子，因此沙拉的角色上，就是要能夠引出食慾，引導對接下來料理的興趣，並且能與其他道佳餚做出口感平衡的絕佳角色。

這道沙拉利用苦茶油的青草、大地氣息，對應著橙汁的甜美感，再搭配海鮮的豐富蛋白質；些微帕馬森起司所引出的口感厚度 ，讓此道料理不但佐餐搭配性高，單吃也相當有飽足感。

茶香

6　Salad

鄉村茶油野菜溫沙拉

材料

茶麻油薑醬	五十克
蔬菜條	紅甜椒．黃甜椒．紅蘿蔔．玉米荀．綠花椰菜
香草	適量
帕馬森起士	少許

步驟

一．除玉米筍之外，將以上材料切成約一公分寬及五公分長的條狀。**二**．汆燙殺菁，紅蘿蔔、玉米筍五分鐘，綠花椰菜及紅黃甜椒各為一分鐘，瀝乾後立即泡冰水。**三**．待蔬菜條冷卻後，立即瀝乾，記得要儘量瀝到完全無水滴落下的程度為佳。**四**．將所有處理過的蔬菜條微微加熱，拌入茶麻薑醬加一點鹽跟帕馬森起士起司，即可擺盤。

許多人由於體質較為虛寒，因此會避免過於生冷的沙拉。但有時候希望能吃到清爽口感的前菜，或是補充纖維質，此時溫拉沙就是絕佳的選擇。

由於所有的蔬菜都經過適當的加熱殺菁，加上苦茶油溫性與麻油的熱性，可將較為生冷的性質轉為溫性，減低刺激。同時，借由茶麻油的香與老薑、帕馬森起士的厚度，讓整體更有口感不過於單調，是一道能讓人能夠重新愛上蔬菜的健康好料理！

而不管是冷或溫莎拉，最重點在蔬菜的脆口度及佐醬的搭配性。蔬菜的脆口來自於正確的殺菁與急速冰鎮。汆燙使蔬菜中的酵素失去活性，澀感去除。而汆燙後立即泡冰水，是防止蔬菜中的酵素繼續氧化與變色。以上應依照食材特性調整，以免養分流失。

茶香．

7 Warm Salad

和風茶油薑汁燒牛肉

材料

燒烤用牛肉	二百克
苦茶油	二大匙
蘿蔓生菜	三片
白芝麻	少許
調味醬	醬油十五毫升．味醂十五毫升．清酒十五毫升 薑十克．蜂蜜五毫升

步驟

一．將蘿蔓切絲後，泡冰水瀝乾。**二**．取一炒鍋，開中火，放入苦茶油並將牛肉煎至半熟，聞到香氣時，加入調味醬，轉中小火一分鐘後，關火。**三**．將生菜絲放至盤底，再將薑汁牛肉放上去後，可放一點白芝麻作為裝飾，亦可提升香氣。

此道料理的發想，在日本旅行時，追櫻吹雪的同時，一路上伴隨著的是可口美味的日式丼飯而想到的靈感。丼飯，這一道日本的國民料理，是一種易於理解也容易有飽足感的平民料理。我也希望從平凡的家常菜中，延伸出最厚實的幸福感。

先使用苦茶油煎牛肉，以其微淡的青草與堅果氣息，凸顯肉香，加上苦茶油耐高溫的特性，不必擔心料理中容易產生質變。

淋醬中，薑的辣、蜂蜜的甜、醬油的醇，是非常契合的，加上味醂提味，不僅讓口感深度增加，淋在牛肉上時更能增進料理整體的豐厚度與圓潤感，是一道能輕易上手，平凡卻又有飽足感的美食。

茶香

8 Beef Yaki

茶油青醬義大利麵

材料

九層塔	一百克
松子	三十克
苦茶油	三百克
起司粉	十克
海鹽	少許
胡椒	少許
義大利麵細扁麵	一百二十克
起司粉	少許

步驟

一・九層塔不要洗，用乾布將灰塵、水氣全部擦去，必須完全乾燥，去梗後待用。**二**・將油、九層塔、松子、起司粉、海鹽、胡椒一起放入攪拌機，拌打一分鐘。**三**・最後將九層塔分次放入攪拌機中，打至合適的濃度即可。**四**・義大利麵依照包裝煮至喜歡的軟度，並保留約五十毫升的煮麵水。**五**・將麵取出，放入鍋中，再炒一下，並加入之前的煮麵水，開大火，炒至自已喜歡的硬度。**六**・緊接加入二大匙的青醬，混合後即可擺盤，並在盤中加入少許松子跟起司粉。

其實義式料裏有許多醬料為基底，學習如何做醬料即可應用到其他料理上，也是許多茹素者可以嘗試的。

以苦茶油或是茶籽油與青醬結合，主要是這三者都帶有青草、堅果、木質的香氣層次，是能彼此相融的好朋友。可以依照個人喜好調整，兩種茶油都可使用喔！

苦茶油本身帶青草感，可讓青醬的清爽感提升；茶籽油帶堅果、咖啡香氣，可增進青醬的厚實度。

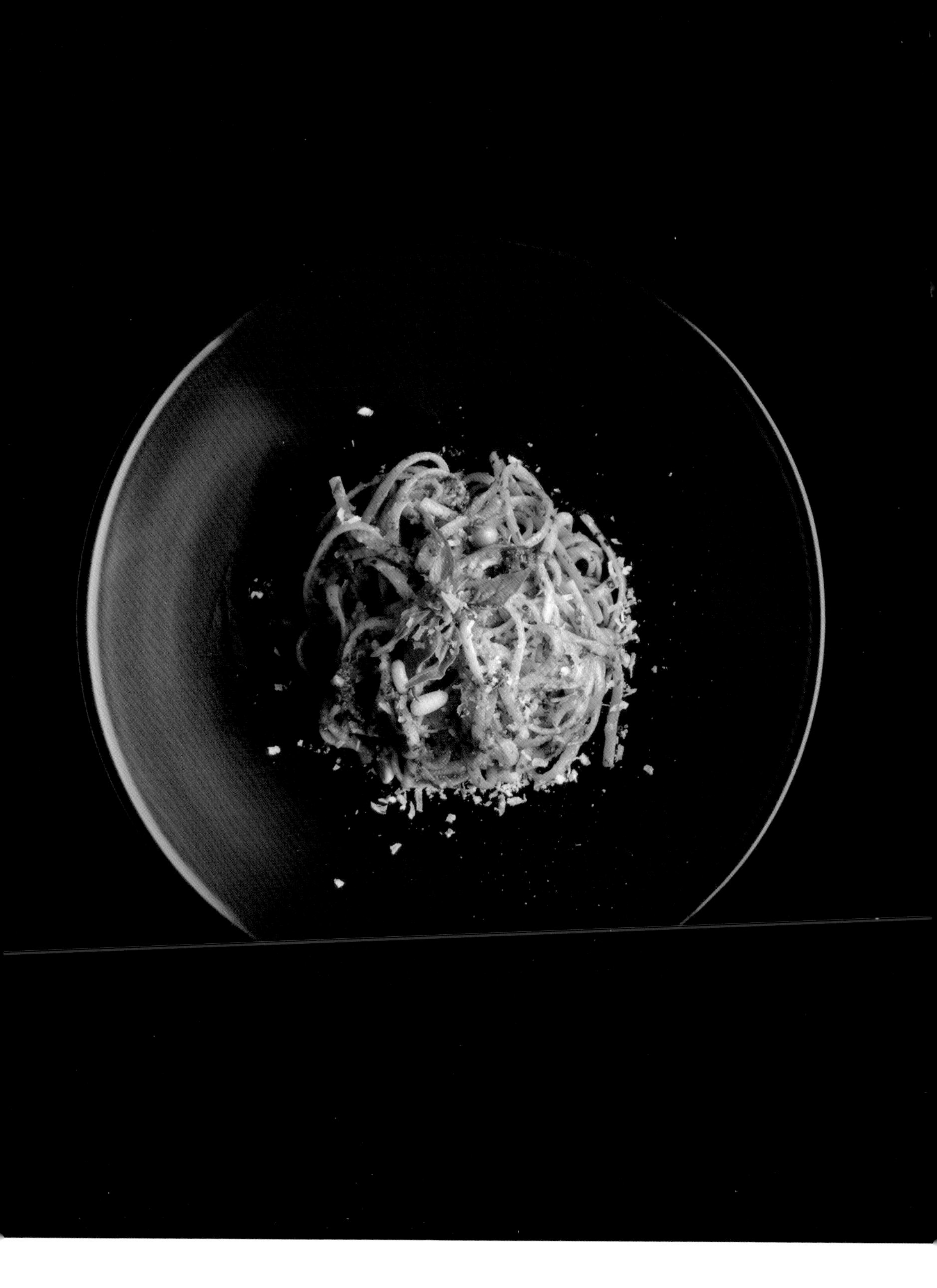

茶油香煎羊排佐紅蘿蔔泥

材料

羊排	三支（約三百公克）
苦茶油	三大匙
米酒	一大匙
鹽及胡椒	少許
沙拉材料	菠菜一百克・松子十克・苦茶油十毫升
紅蘿蔔泥材料	紅蘿蔔一百克・奶油二十克

步驟

一・將菠菜氽燙後，拌入苦茶油跟松子備用。**二**・紅蘿蔔烤熟後打成泥，拌入奶油，可視濃稠度加入水，備用。**三**・將羊排用少許的米酒跟一大匙的苦茶油、鹽及胡椒醃製二小時備用。**四**・將羊排先擦乾，鍋子放入二大匙的苦茶油加溫到微微起煙後，才能開始煎。**五**・羊排以中大火煎一分鐘，翻面再煎一分鐘，將火調小，並將羊排分切成三份，再下鍋將羊排煎至熟透，共需要五到八分鐘。**六**・在盤中依序放上適量的紅蘿蔔泥、菠菜及羊排即可。

羊肉比豬肉的肉質要細嫩，而且比豬肉和牛肉的脂肪、膽固醇含量都要少，容易消化吸收，是補元陽、益血氣的絕佳溫熱補品，特別適合秋冬的調理。

只要處理得宜，羊肉料理能夠成為一道健康又美味的好佳餚。以米酒去除羊肉的膻味，苦茶油能平衡羊排特殊的香氣。此外苦茶油耐高溫，所以在高溫煎炸時，不會變質，且能加深食材梅納反應後的香氣。

而紅蘿蔔泥加上奶油提供了清爽但又豐厚飽和的口感，一方面能夠讓口感更有層次，二方面對於健康上也提供了相當的纖維質與維生素。

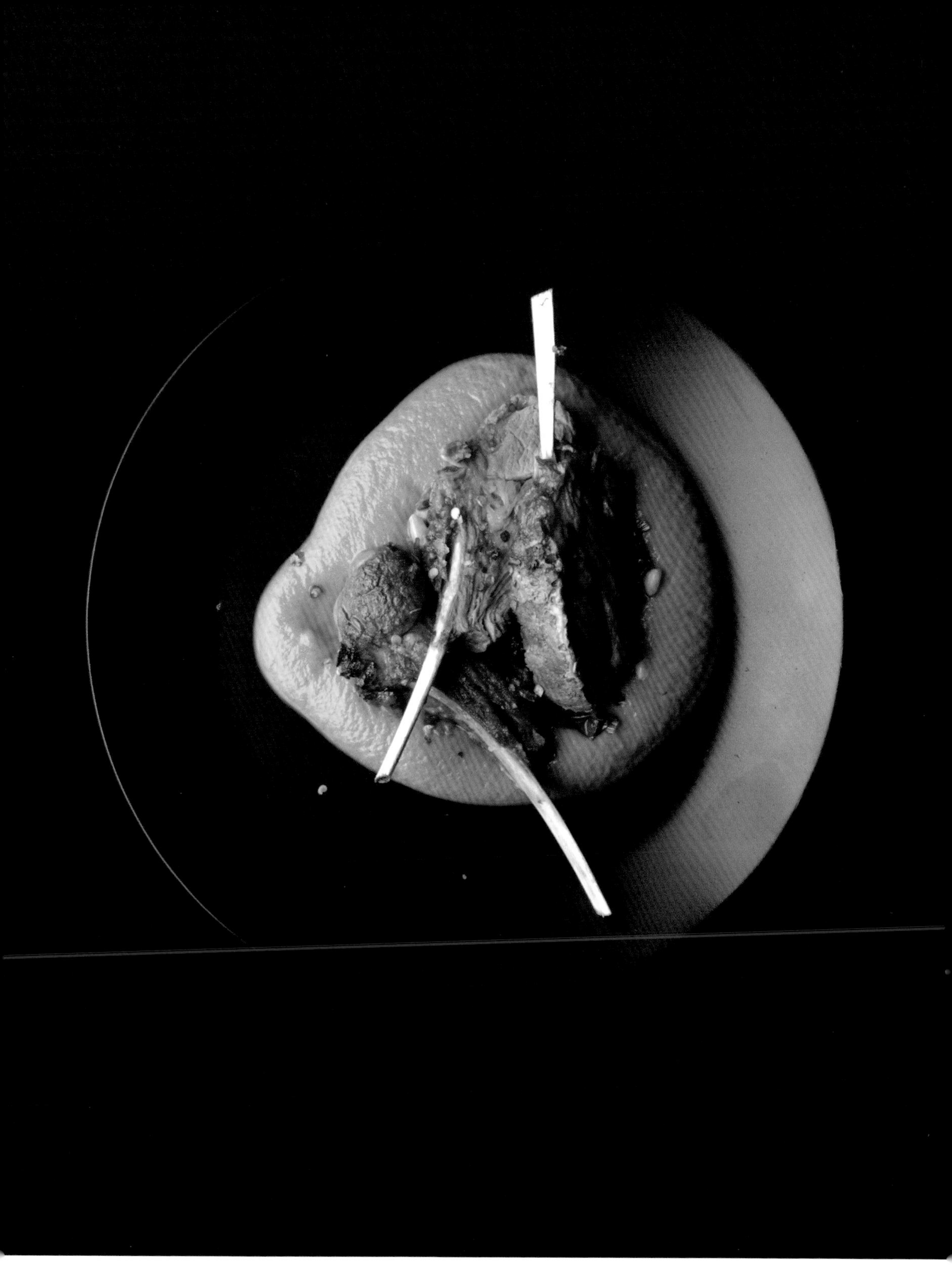

鐵觀音雞肉藥膳鍋

材料

帶骨雞腿肉	四百克
杏包菇	一百八十克
凍豆腐	二百克
豆皮	六十克
枸杞	十克
黑棗	三百克
紅棗	三十克
米酒	九十克
雞高湯	九百毫升
鐵觀音茶乾	十克
鹽	五克
雞骨架	二副

步驟

一・汆燙雞骨後，將雞骨洗淨，並入鍋與水熬製二小時，過濾雜質後即成高湯。**二**・雞肉煎香至半熟，切塊備用。**三**・先將杏包菇切成滾刀約二公分大小，枸杞、黑棗、紅棗、米酒放入高湯加熱至一百度後，轉小火，再將雞肉及茶放入鍋熬製三十分鐘。**四**・最後，加入切塊成二公分大小的凍豆腐與豆皮，開火再滾五分鐘，最後加少許的鹽調味即可。

這道料理大量運用了溫補的食材，如枸杞，黑棗，紅棗，雞湯等，在季節交替時，溫潤而不躁進的食補，對於身體是最輕鬆也是最舒服的療癒法。傳統藥膳加入茶食，風味獨具，暖身也暖胃。

鐵觀音特殊的弱果酸與香氣與韻味，和棗類非常搭配。雞肉的選用建議以土雞為主，一來肉質較為結實，可耐長時間燉煮；二來肉質的風味較為豐富。另外，雞高湯相當補氣，而且可將湯頭的厚實感建立出來。

茶食

1 Chicken Pot

泥

度。**二**・煎鴨胸，將鴨皮朝下，以中小火煎五至六分鐘後，靜置備用。**三**・將混合的麵包粉放至鴨皮上，用預熱一九〇度的烤箱烤十分鐘後取出，備用。**四**・將茶粉、麵包粉、起士粉、核桃碎混合成茶香麵包粉備用。**五**・將白花椰菜切片後，用水及奶油將花椰菜煮軟，然後打成泥。**六**・花椰菜泥鋪底，放上生菜，將鴨胸擺上即可。

在煎鴨胸時，切記先將其以廚房紙完全擦乾。主因是水份遇到高溫容易產生油爆，不但危險且會讓鍋子快速降溫，無法順利產生梅納反應，鴨皮就不香脆。而在煎鴨胸時，技巧的掌握度很重要。產生脆皮需要短時間的高火，其後降溫靜置休息，讓溫度緩慢地穿透到中心。如此肉類的水分不致流失過多，可保持鮮嫩多汁。

使用宜蘭三星鄉的特色櫻桃鴨，源自英國的櫻桃谷，爾後在宜蘭大量的飼養，全名是「櫻桃谷品種北鴨」，最大特色為肉質細緻、油脂分布均勻、彈牙無肉腥味。

令人驚豔的是那茶香麵包粉。文山包種茶的清爽感，與麵粉中的香氣結合，加上核桃碎的提味，讓單調枯燥的口感瞬間提升。在層次的經營下，是酥、香、脆、嫩的結合，每一次入口都是開心驚喜的好味道。

茶食

2 Duck Breast

紅玉茶香燻雞

Smoked Chicken

材料

去骨仿土雞腿	二支
米酒	一大匙
燻料	紅玉茶葉一大匙・麵粉三大匙・米二大匙・糖一大匙
調味	鹽二分之一小匙・胡椒粉四分之一小匙 五香粉八分之一小匙
淋醬	麻油一大匙
醬汁	南瓜一百克・奶油二十克

步驟

一・將雞肉用米酒醃製一下，用錫箔紙將雞肉捲起成一圓筒狀，放入一杯半的水至電鍋中， 雞肉放入電鍋蒸十五分鐘，再悶二十分鐘，並使其完全冷卻。**二**・放冷後，再將調味鹽、胡椒粉與五香粉塗到雞肉上。**三**・鍋燒乾後放入一張錫箔紙交叉舖在鍋底，再放入燻料，然後放上架子及雞肉，蓋上鍋蓋，開中火燻十二分鐘，看到鍋邊由白煙轉至黃煙後再燻三十到四十秒即可起鍋。**四**・燻好的雞均勻刷上麻油。**五**・將南瓜切塊後，直接以預熱二百度的烤箱，烤二小時後，加入奶油打成泥，並可視情況加水，調整南瓜泥濃淡度。**六**・將雞肉切成片狀後，一旁放南瓜泥跟少量的香草盤飾。

改良傳統茶鵝的食譜，主要原理是先將雞腿煮熟，使用鋁箔捲，一來成品會較美觀；二來外皮上色會比較均勻。而加入紅玉茶葉、麵粉、米與糖等燻料，糖分經過高溫後，會產生焦糖化，就會有美好甜蜜的焦糖香；米與麵粉則提供了像是傳統米香的古樸香氣；茶葉則是提供另一層沈穩的香氣。若喜歡煙燻更重的朋友，可以將燻製的時間拉長一半，味道層次會更加深入。而南瓜泥有畫龍點睛之效。另外將茶換成義式的香草，例如：迷迭香，就是另一種不同的煙燻配方了。

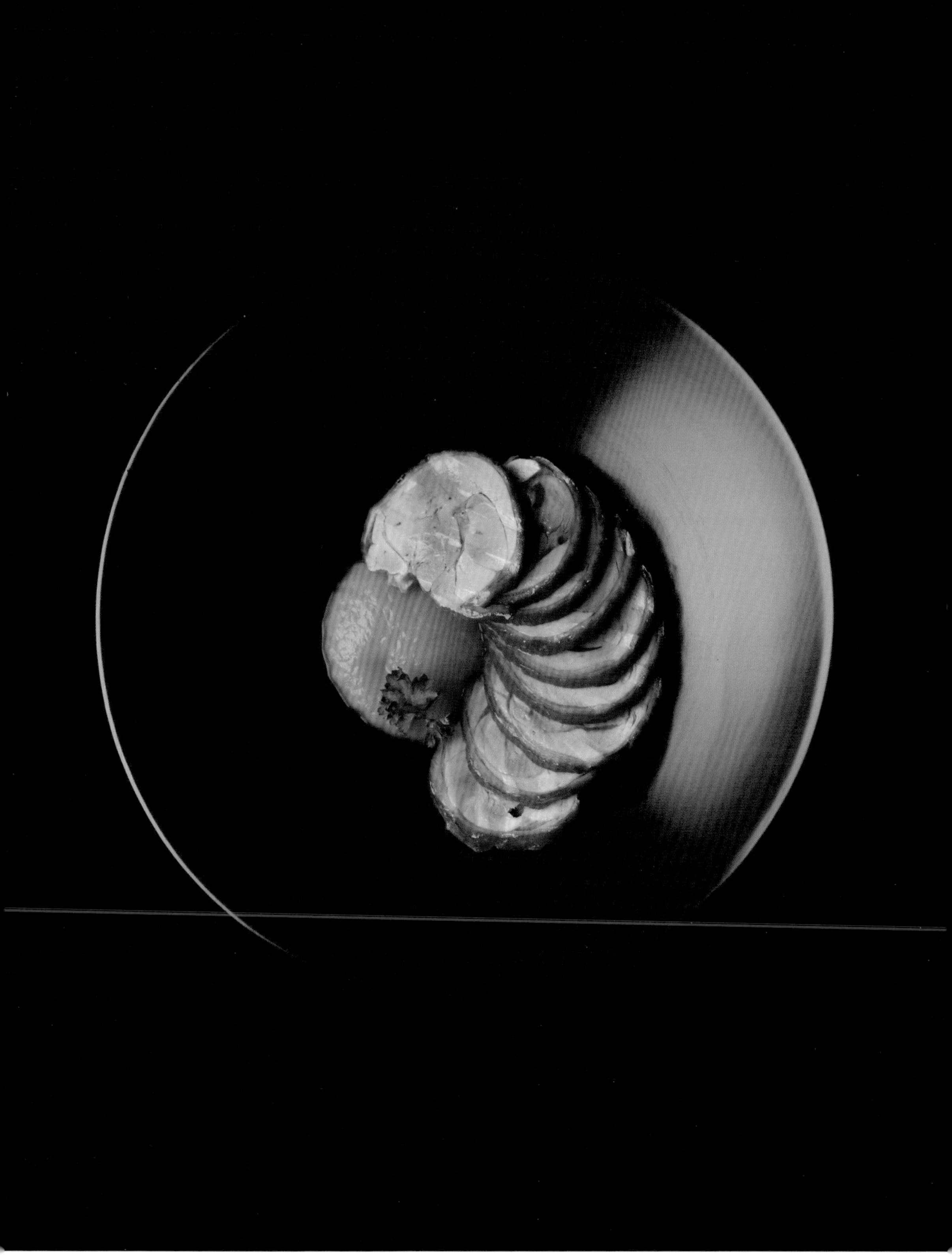

金萱燜淡菜蝦

材料

蝦子	三百克
淡菜	三百克
金萱茶乾	十克
水	五百毫升

步驟

一・把石頭鋪平在鑄鐵鍋中，放入烤箱，以二三〇度至二五〇度的溫度加熱半小時。**二**・同時將金萱茶乾以五百毫升熱水泡開，並將茶葉取出，只留茶湯。**三**・將蝦子及淡菜鋪放在鐵鍋的熱石頭上，並倒入茶湯，把鍋蓋蓋上後，三至五分鐘後，利用蒸氣悶熟海鮮，打開即可享用。

海鮮的料理最怕的就是海鮮腥味，及過度烹煮使食材變柴，這道料理的主軸是利用石頭的高溫，倒入茶湯瞬間汽化的蒸氣，快速將蝦肉蒸熟，一來保有蝦子的鮮嫩口感，二來透過金萱獨有的高雅淡奶香味和兒茶素本身的爽口感，將蝦子腥味去除，口感層次更為柔細多元。

建議挑選較為平滑的石頭，以橢圓形或圓盤形為佳，一來較能平均鋪在鑄鐵鍋中，二來鋪料也相對容易，而且受熱較平均。建議石頭先以清水洗乾淨，再至大太陽下曬透或是進烘碗機烘乾，以去除雜味。

延伸的用法可將淡菜換成蛤蠣或是花枝，石頭上亦可放些日式海菜或是昆布，提供更為鮮甜與強烈的海洋氣息。

茶食

4 Steam Seafood

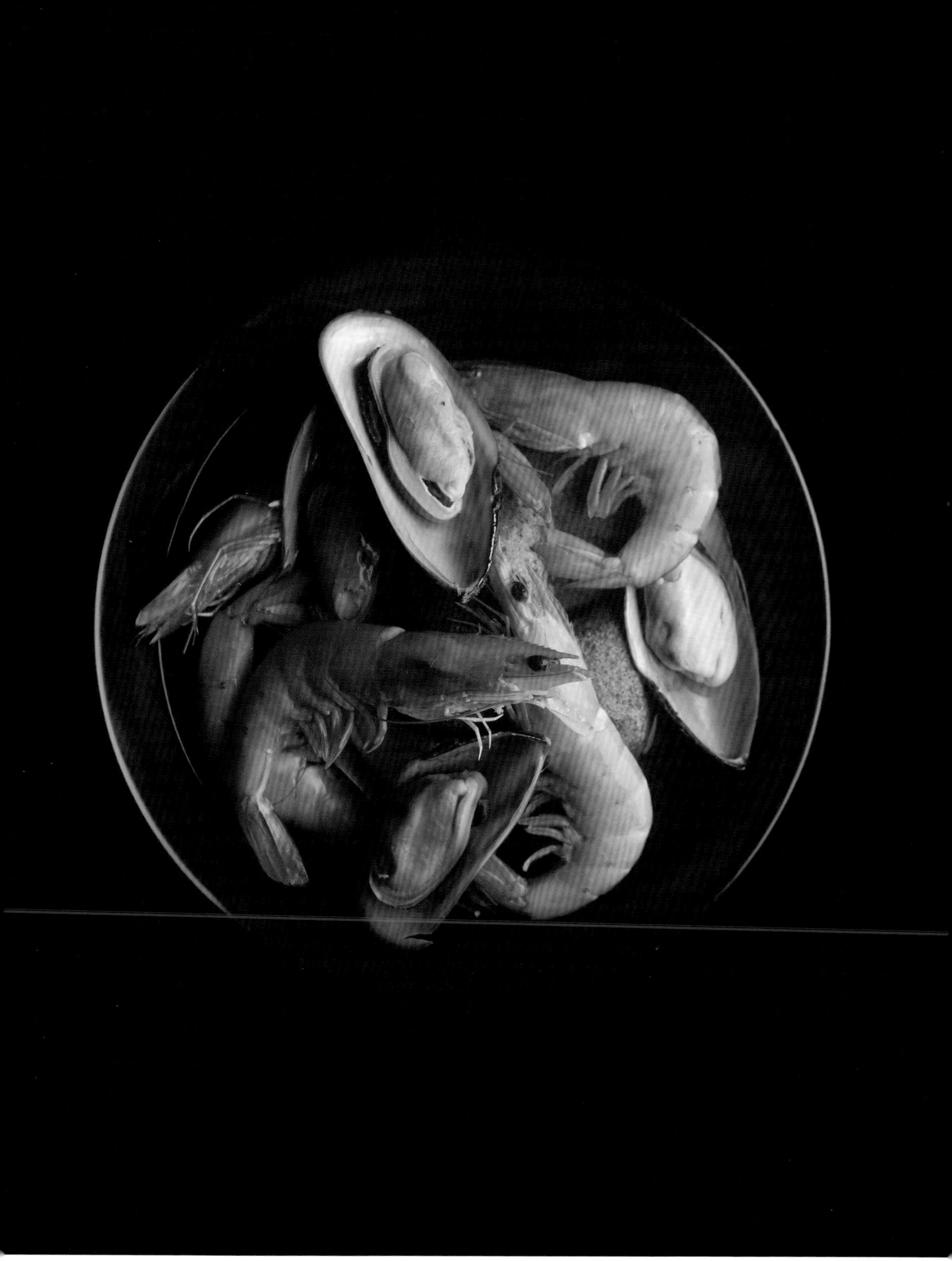

東方美人鮭茶泡飯

材料

白飯	二碗
東方美人茶	十克（取二百五十毫升水泡開）
日式昆布柴魚高湯	二百五十毫升
鮭魚一片	二百克
拌料	海苔絲・蔥絲・黑芝麻・日式七味粉・鹽少許
日式高湯	水一公升・昆布十五克・柴魚三十克

步驟

一・將水及昆布加熱至九十五度，撈起昆布，放入柴魚，加熱至水滾，約三十秒至一分鐘後關火，待柴魚下沉後，將柴魚撈起，即成日式高湯。**二**・將鮭魚擦乾，用中小火將鮭魚煎香後剪碎，備用。**三**・在白飯放上鮭魚末、海苔絲、蔥絲、黑芝麻、七味粉和鹽。**四**・將日式昆布柴魚高湯及茶湯依一比一比例調合，食用前再倒入碗中即可。

茶泡飯是一種親民且家常的料理，通常是日式料理中最後一道所上的菜餚，主因是想讓味蕾在整頓飯之後，以一個清爽無負擔的口感作為收尾。不僅如此，茶泡飯容易上手，快速、輕鬆、易學，延伸性也豐富。

滋味豐富、氣味高雅的東方美人茶，帶有特殊的蜜香氣息，尾韻微酸，與昆布柴魚高湯的木質海味，十分合拍。

煎香後的鮭魚，魚腥味會下降，並產生焦糖香氣，與日式高湯、東方美人的結合相得益彰，而日式七味粉與蔥絲除了提味外，在視覺上更是有畫龍點睛的效果。

茶食

5 Ochazuke

碧螺春茶香炸豆腐

材料

雞蛋豆腐	一盒
柴魚片	三把
蛋液	一粒
太白粉	四十五克
麵包粉	五十克
茶湯	碧螺春茶五克・水三百毫升
醬汁	日式醬油露三十毫升・味醂三十毫升
提味	七味粉・白芝麻粒・柴魚片・蔥花適量

步驟

一・先將碧螺春茶用三百毫升的熱水，泡出味道後，取出茶葉。**二**・取三百毫升的茶汁混合三十毫升的日式醬油露，加入味醂，備用。**三**・雞蛋豆腐切成三公分乘以三公分的正方形，依序沾上太白粉及蛋液，最後沾上麵包粉，以一六〇度的油溫將豆腐炸熟後，將油瀝乾。**四**・將豆腐塊放至盤中，呈金字塔狀後，從旁邊將醬汁注入，加上少許的柴魚片，七味粉及蔥花即可。

「油炸」是個高超且需五感並用的烹飪行為藝術，製作者必須非常專注，是一線天堂與地獄之隔。食材剛放下去時會下沈，要用眼去觀察氣泡，此時氣泡會很多。隨著時間拉長，食材會浮起來，氣泡會逐漸減少。而產生氣泡的原因是由於食材中的水分逐漸蒸發，氣泡減少表示外皮已快熟了。

另外，也要用聽的。一開始放料時，會有響亮的嗞嗞油炸聲，待快完成時，聲音會越來越小。而當聞到麵衣開始散發著微焦香味時，表示外皮已呈酥脆口感。觸覺上，食物炸熟後會較硬挺，而好的炸物吃起來必須要爽口，但依舊保持食物的原味。

茶食

6 Crispy Tofu

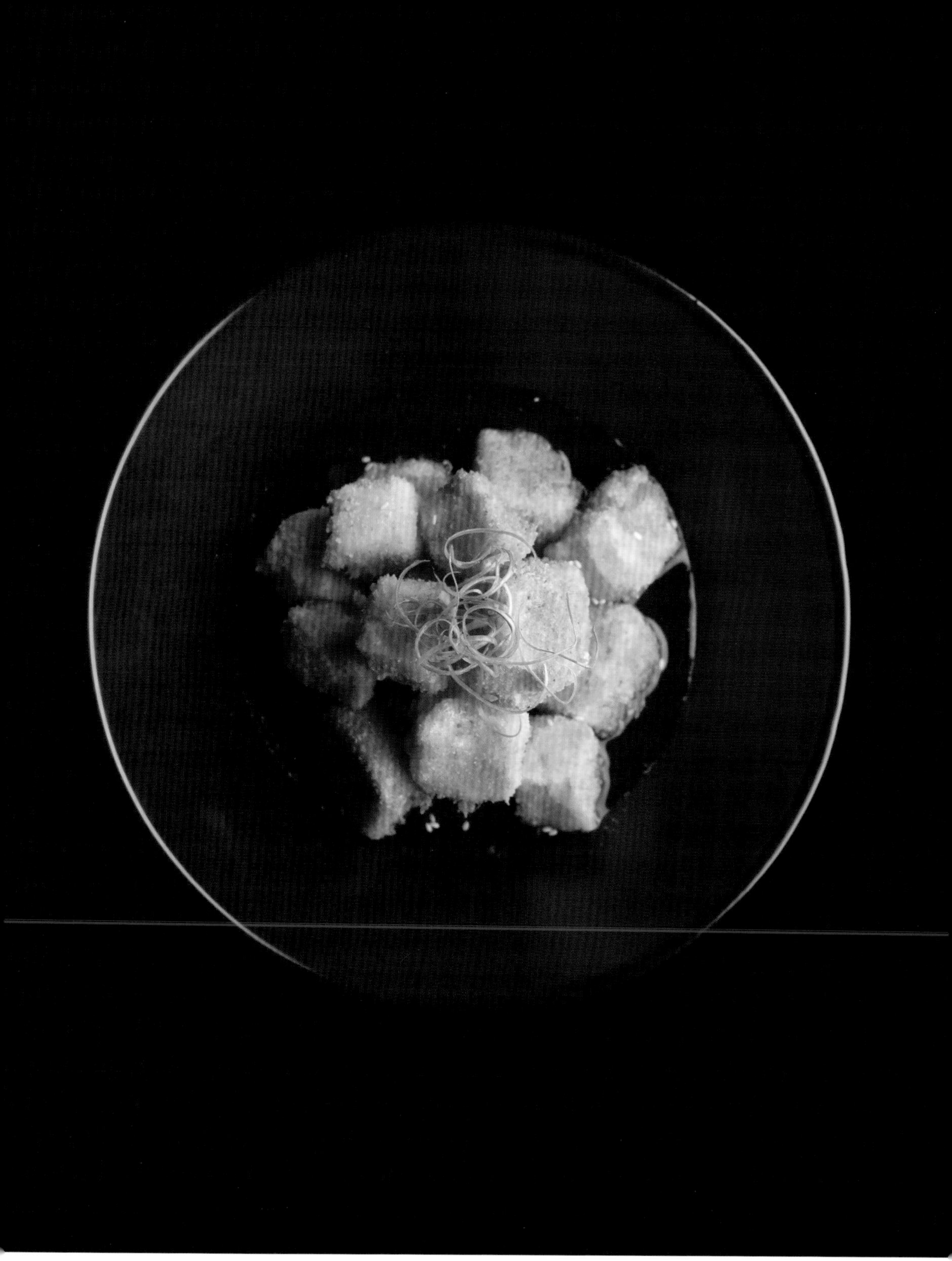

四季茶香 培根 奶油燉飯

材料

隔夜飯	二碗
培根	二片
洋蔥	半個
鮮奶油	五十克
奶油	一塊
雞高湯	一百毫升
起司粉	十克
四季春茶粉	五克
白芝麻	少許
巴西利	一根
鹽	少許

步驟

一・將洋蔥切丁拌炒到呈微透明狀，放入培根丁，炒出味道，備用。**二**・將飯放入，並將高湯放入鍋中，煮至微微收汁再放入鮮奶油，再煮三十秒後放入奶油、起司粉及茶粉拌勻。**三**・最後加少許鹽巴跟胡椒調味後可用模具呈盤，並在上面放些巴西利及白芝麻裝飾。

品質好的四季春，有著茉莉花、梔子花、玉蘭花、野薑花的高調香氣，能夠將高湯本身的鮮味向上提升。此道料理有各種食物的香氣層次，能夠充分體驗著大自然給予的美好幸福能量，裡面有洋蔥炒過後的甜香、四季春的花香、培根拌炒後的肉香、鮮奶油的濃香、高湯的鮮香以及奶油的醇香。每種香，都是獨立的個體，但組合在一起的時候，卻又是如此和諧。

整體如同抽象的畫作，透過不同的點狀、高低起伏的線條、交錯有序的顏色，近看每一個角落自成一局，遠看又獨樹一格，而這道料理亦同，每一小口有各自的世界，但混拌後又是另一個協調格局。

茶食

7　Risotto

茶香炸杏鮑菇佐粉紅辣醬

材料

杏鮑菇	二根
醃料	豆乳一大匙・素蠔油一大匙 水三大匙
濕式麵糊	中筋麵粉三十克・地瓜粉三十克・水一百二十克
乾式麵粉	麵包粉五十克・鐵觀音茶粉五克
沾醬	美奶滋五十克・泰式甜雞醬十克・辣椒粉少許

步驟

一・杏鮑菇切去蒂頭，切成〇點五公分的片狀，備用。**二**・將醃料混合，放入杏鮑菇，醃十分鐘。**三**・取一深鍋，倒入適當的油量，等油溫上升至一六〇度時，將醃好的杏鮑菇，沾適量的濕麵糊，再沾乾式麵粉，下鍋油炸。**四**・油炸約三分鐘後，放至鋪有廚房紙巾的盤中吸油，即可呈盤。

這是一道葷素者皆愛不釋口的健康好料理。使用了乾濕兩種麵糊，會讓炸衣更為香脆，素蠔油與豆乳讓蛋白質發酵的味道浸入到杏鮑菇中，使香氣張力甚為明顯。大口咬下，會讓人誤以為是雞肉，加入酥炸過的茶粉讓味道更上一層樓。

油炸是烹飪中相當高超的技巧，如何炸得一切剛好且完美，外酥內軟不油膩，又不使料理口感柴掉，但同時能兼顧健康，是一個相當需要學習的料理課題。

一般而言，油炸溫度介於一百四十度到一百八十度之間。切工較厚的食材，建議分兩段炸。一開始低溫炸，使食物熟成，起鍋後靜置數分鐘後再回鍋用高溫炸，使外皮酥脆。油炸的時間視食材的特性與切工薄厚而定。炸油要以耐高溫、烹飪時不起煙的為主。每次用油至多使用兩次，不可同一鍋油反覆油炸。

茶食

8 Oyster Mushroom

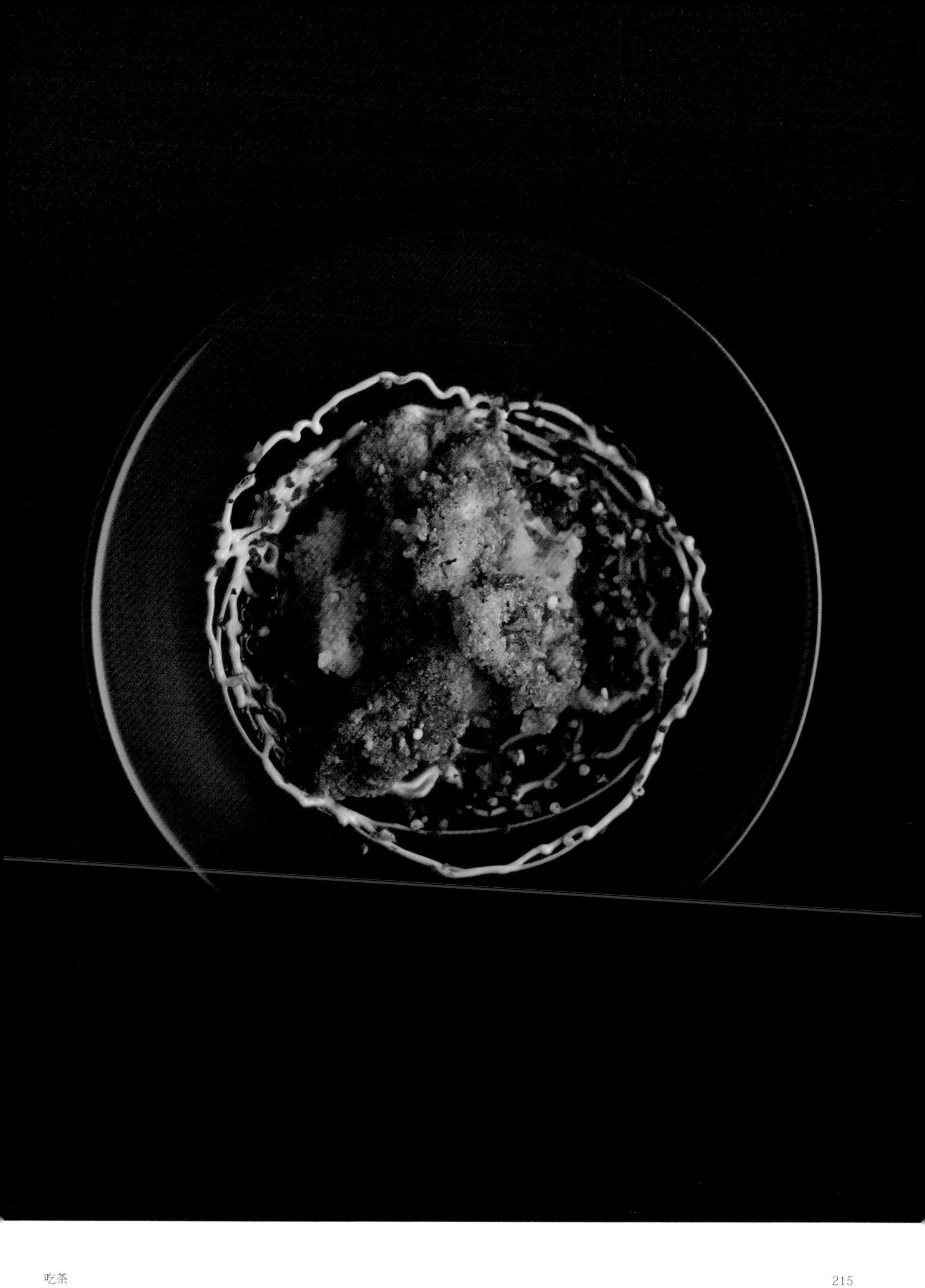

輕潤補氣茶蛤蠣雞湯

材料

帶骨土雞肉	三百克
蛤蠣	三百克
薑	四片
米酒	三十毫升
水	一千二百毫升
四季春茶乾	十克

步驟

一・將土雞肉汆燙後洗淨，備用。**二**・取一鍋水，約一千二百毫升將雞肉、薑三片、米酒，放入鍋中，煮至水滾，關小火煮三十分鐘。**三**・然後將蛤蠣放入，煮至全開。**四**・在湯鍋中放入茶乾，立即關火悶三分鐘。**五**・盛碗後，略切剩餘薑片為絲，鋪於湯面上擺盤，即可享用。

這是一道適合炎炎夏日時補充元氣，但又怕過於燥熱的無負擔輕補料理。薑與蛤蠣的搭配是常見的經典風味，因為蛤蠣的鮮甜感，與薑的微辛感，有著特殊又意外的平衡口感。而薑同時能夠調出雞肉的最底層的香氣，米酒也能去掉蛤蠣些許的腥味，並提點出湯頭的鮮美。

最後投入的四季春，其張揚的桂花、野薑花香氣，不但有畫龍點睛之效，更能夠將整體風味串聯起來，形成一個高雅、清香、柔和卻又飽和的口感。

茶食

9 Chicken Stewed

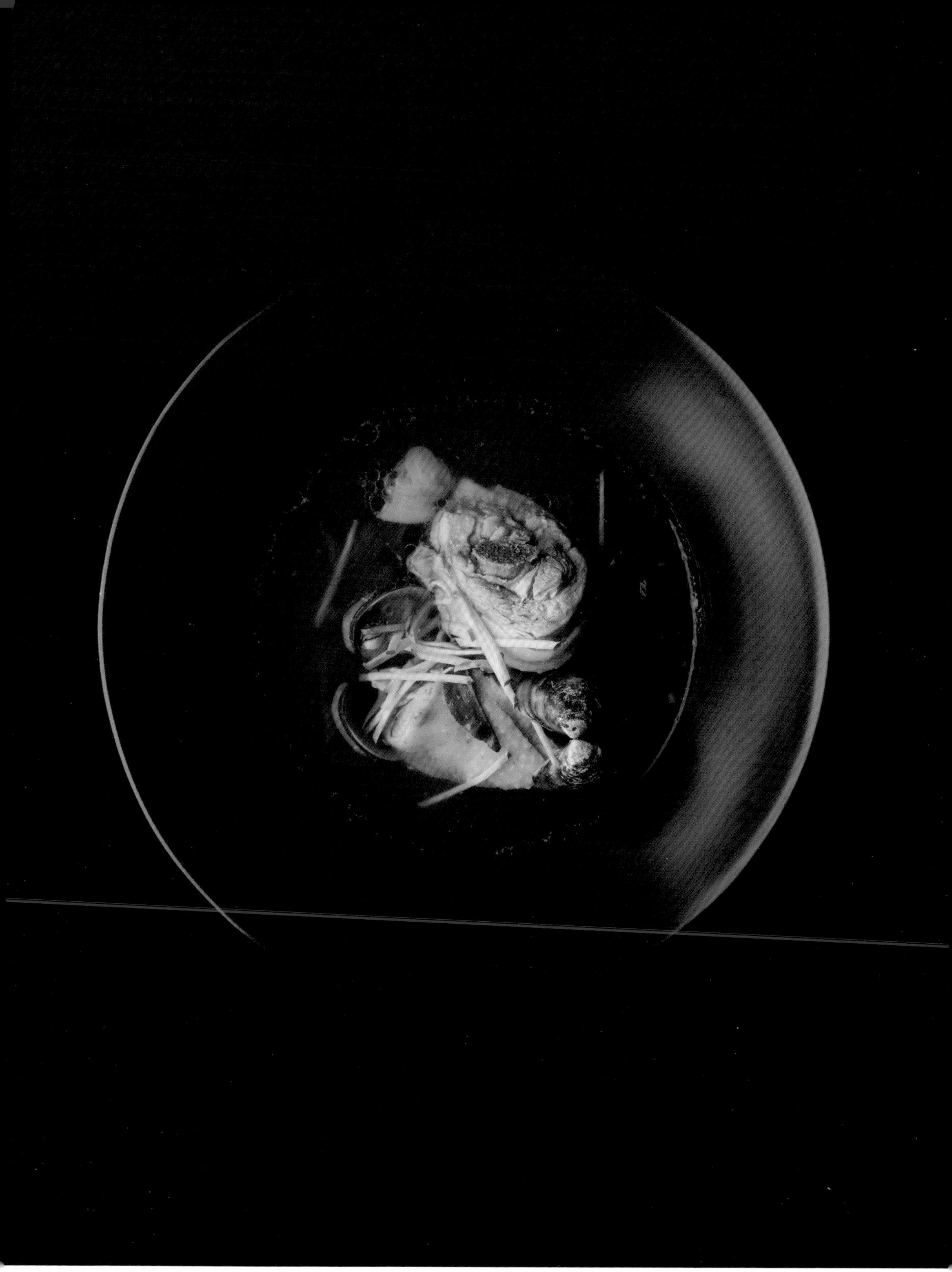

包種青茶海鮮冷麵

材料

日式冷麵	一百克
中形蝦子	三隻
蛋	一個
提味	海苔絲、蔥絲、芥末少許
冷麵醬汁	日式高湯二百毫升・包種茶湯一百毫升 淡味醬油十毫升・味醂二十毫升・柳橙汁、冰塊適量

步驟

一・將所有冷麵醬汁材料混合，醬料調好後，視醬油的濃度，用柳澄汁及冰塊去調整濃度，理想中的味道是有柴魚一點的香味，一點的鹽味，一點的茶味，有帶柑橘類的香味，且好入口。**二**・先汆燙蝦子後，泡冰水至涼，並瀝乾水份。**三**・煮麵至喜歡的軟硬度，泡冰水至完全冰涼後瀝乾水份。**四**・煎蛋皮，打蛋但不要過份攪拌，以免氣孔太多，**五**・鍋底用紙巾沾一層薄薄的油，鍋子加熱至中溫，倒入蛋液，讓蛋皮成形並切絲。**六**・將涼麵擺至最下面，接著放蝦子、海苔絲、蔥絲、哇沙比，最後將醬汁淋上去。

高湯是日本料理的調味基礎也是精神所在，搭配上台灣包種茶特有的蘭花與芽葉香，成為了特殊的日式茶高湯，口感清甜優雅。這樣的高湯，不但能搭配麵品，亦可應用在泡飯、日式小菜或是沾醬中。

一鍋清鮮甘甜的日式茶高湯，不僅能襯出食材的原味，也能調和料理的整體風味。而適度汆燙又立即冰鎮的鮮蝦，肉質彈嫩，清順滑口。而麵要Q彈的祕方就是要泡冰水，主因是麵中蛋白質會因溫度差而產生收縮。

茶食

10 Seafood Soba

凍頂法式烤布蕾

材料

蛋	一個
蛋黃	二個
糖	四十克
鹽	一克
牛奶	三百五十克
凍頂茶湯	七十克（茶乾約十克）
動物性鮮奶油	一百三十克
二砂糖	少許

步驟

一・萃取茶湯，取一百毫升的熱水，將十克的凍頂茶泡開，直接以一百度的水泡五分鐘。因為需要濃厚的茶味與茶色，建議萃取的器皿要有上蓋，勿開蓋泡。因為需要濃厚的茶味與茶色。並將茶葉濾出後，取七十克備用。**二**・將蛋及蛋黃打散後，放入糖，及鹽，備用。**三**・在另外一個鍋中加熱牛奶、凍頂茶湯七十克及鮮奶油，煮至鍋邊有小泡泡即可，約八十五度。**四**・待步驟三中的牛奶微微降溫後至五十度以下，將步驟二的蛋液混合，取網過篩，倒入模具並置入烤盤中，加入約烤盤三分之一高度的熱水進行隔水加熱。**五**・放入預熱一百五十度的烤箱，加熱三十分鐘，取出後可冷藏備用。**六**・食用前，從冰箱取出，將布蕾上撒少許的二砂糖，並用噴槍來回炙燒，使糖焦糖化，而炙燒時要均勻上色，當表面白糖轉焦糖色並起泡後即可停止。

傳統凍頂烏龍具有梅納反應後的焦糖、榛果香氣，能夠與奶油、蛋結合地恰到好處，茶本身的特質也能使口感不過甜膩。軟脆相間的焦糖層和充滿蛋奶香的布蕾，再三咀嚼後，凍頂的豐富多種木質與焦糖香氣，能徹底與前者結合，餘味會有著爽朗茶香回甘，口感飽滿且優雅。

茶點

1 Creme Brulee

四季春提拉米蘇

材料

手指餅乾	四根
蛋黃	二個
細砂糖	十五克
瑪士卡彭乳酪	二百五十克
蛋白	二個
砂糖	十五克
萃取茶湯	五十毫升
君度橙酒	十至十五毫升
四季春茶粉	適量

步驟

一・將蛋黃及細砂糖十五克及瑪士卡彭乳酪打至乳霜狀，備用。**二**・將蛋白打至有泡沫產生，加入砂糖十五克後，攪拌至硬性發泡，蛋白呈現尖挺的勾狀。**三**・將步驟一的成品倒至步驟二，由上而下混合不要讓泡沫消失。**四**・將一百毫升的水泡十克的茶，取此五十毫升的萃取茶湯，手指餅乾一邊泡浸在茶湯，一邊泡浸少量的君度橙酒。**五**・將手指餅乾放模具底，並將步驟三抹平在模具上即可。**六**・冷藏四個鐘頭後味道會全部融合在一起。最佳賞味期最是做好後的七十二個小時，因為含有生蛋，所以建議儘早食用。**七**・呈盤時，撒上少許的四季春茶粉裝飾。

Tiramisù，充滿愛意與浪漫的一道傳統義式甜點。義大利文中的「Tira」是「提、拉」，「Mi」是「我」，「sù」是「往上」，合在一起就是就是「拉起我來」。是一道有苦澀與甜蜜；酥脆與滑細的衝突口感，所造就出的一道經典。充滿野薑、茉莉、桂花香的四季春，帶著柑橘香氣和淡淡微苦的度君橙酒，加上瑪士卡彭乳酪，隱隱浮現著蛋香，以茶代替傳統手指餅乾浸至咖啡的做法，同樣帶苦，卻能在嘴中化散開來，氣味與層次相應堆疊，更形典雅、高貴與沈靜。

茶點 2 Tiramisu

包種水果鮮茶凍

材料

文山包種茶	十克
砂糖	四十克
開水	五百克
洋菜粉／寒天	五克
草莓丁	少許
醬料	蜂蜜十毫升
薄荷	少許

步驟

一・以開水將文山包種茶煮約五分鐘，出味後過濾，加糖。二・將茶湯加入寒天並且充份攪拌，再過濾一次，接著放入模具，置入冰箱冷藏。三・冷藏約三至四個鐘頭後，將茶凍脫膜，並切至適當大小，即可加入草莓丁混合，並加入少許蜂蜜跟薄荷即可享用。

清新帶有高調蘭桂花香的文山包種茶與熱帶水果奔放的酸甜，如同巴哈的小步舞曲般，輕快中又帶著俏皮，節奏明快卻毫不失從容優雅。每一口都能感受單純、 直接、 乾淨又柔和的透淨力量。

寒天，是洋菜的一種，傳統中醫又被稱為「瓊脂」，意為美麗的凝脂，含有豐富的鐵、鈣與膳食纖維質，是蒟蒻的三十餘倍。《本草綱目》中有載道，藻類對於清肺化痰、滋陰降火、涼血止血，都非常有效。

由於洋菜粉有凝固、解凍、再凝固也不變味之特性，對於調味的平衡與存放上，更容易上手，而且茶凍的卡路里非常低，且有飽足感，對於容易嘴饞或是常外食的朋友，是相當清爽又無負擔的好選擇。

茶點

3 Tea Jelly

繽紛歐式茶漬水果

Spiced Fruit

4

茶點

材料

烏龍茶	十克（以傳統式有焙火者為佳）
香草	四分之一根
水	六百克
糖	六十克
肉桂枝	一根
八角	二個
蘋果	一個
香吉士甜橙	二個
奇異果	一個

步驟

一．將十公克的烏龍茶，放入六百克的水，以一百度的水泡五分鐘後，取出茶湯，備用。**二**．將肉桂枝、 八角、 糖，還有香草籽取出後，放入茶湯。**三**．蘋果去芯後，切成塊狀。奇異果切成四大片，一個甜橙取汁倒入茶湯，另外一個則分成數瓣備用。**四**．將蘋果加入茶湯中，小火煮四分鐘，再加入橘子煮五分鐘後，最後加入奇異果煮三分鐘，等冷卻後，取一容器，放置冰箱一晚，即可食用。**五**．其汁液對水稀釋後可當水果茶飲用。

繽紛五彩、 口感多元，有果實的酸美，烏龍茶的木質焦糖香，以及八角與肉桂的辛香，每種代表著風味層次的與健康的堆疊。

這道點心是在旅行歐洲時得到的靈感。當時身處冰天雪地，英國郊區的三百年農倉中，壁爐中的柴火燒的烈透，依舊暖不了身，想起在市集中買到的熱紅酒，混著香料與果香。回到台灣後，依舊十分想念，只是台灣氣候悶濕，用紅酒為底似乎過於強烈。因此想到以茶替代為基底，創作出如此屬於台灣的新奇滋味。

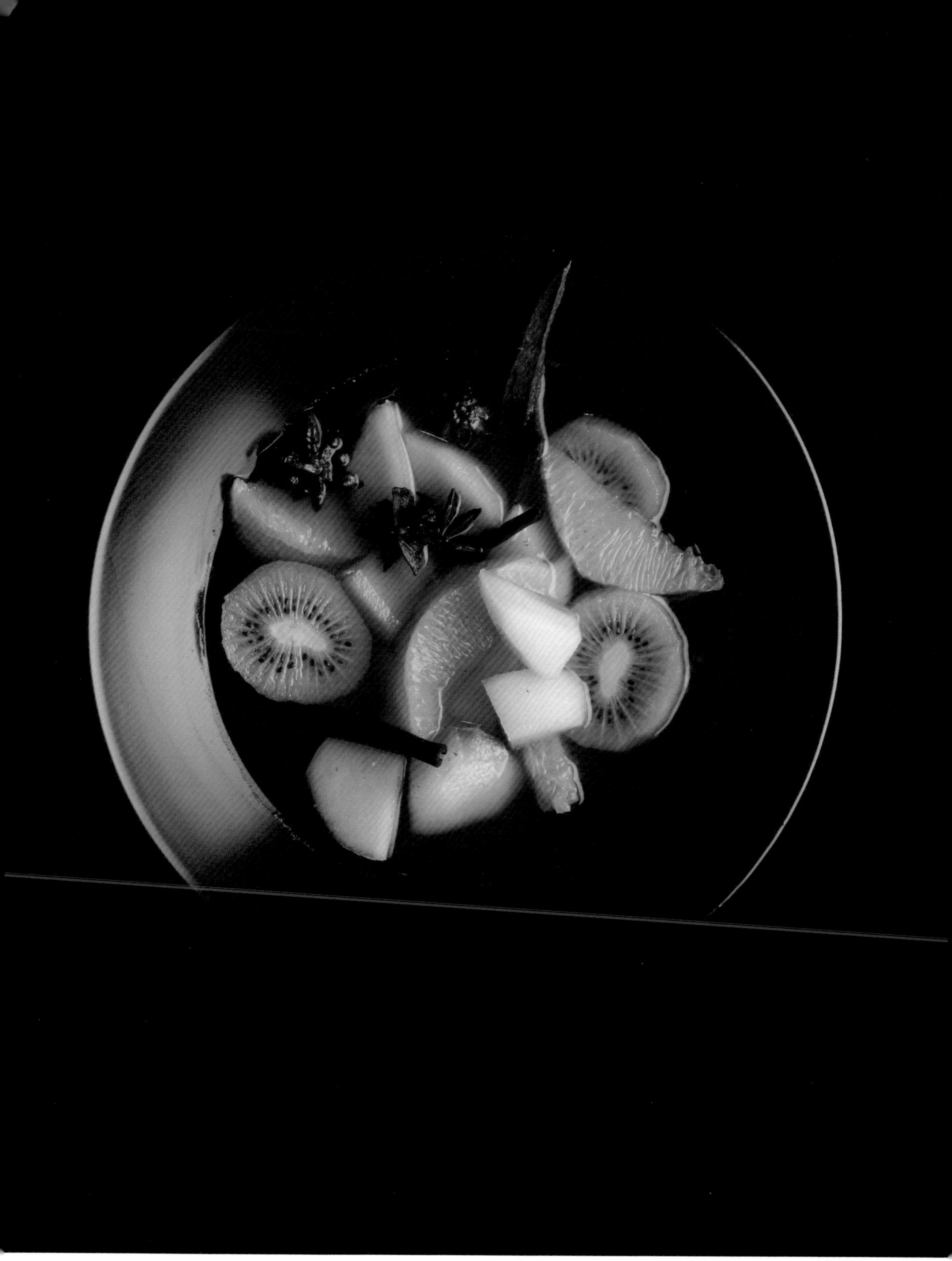

奶酪 紅豆 茶香

材料

碧螺春茶粉	十克
牛奶	二百五十克
鮮奶油	二百五十克
糖	四十克
吉利丁	三片
薄荷	少許
紅豆泥	紅豆三百克・開水七百毫升・二砂糖一百克
外鍋水	二次分別為八百毫升、三百毫升

步驟

一・將吉利丁片泡冰水後，將其擰乾，備用。**二**・將碧螺春粉加入牛奶及鮮奶油，以小火加熱至八十度，關火後，取一上蓋，蓋上靜待十分鐘。**三**・接著將吉利丁放入鍋中，再加熱至八十度後，關火並取一濾網將茶粉過濾並倒入模具上。**四**・將紅豆放入電鍋內鍋中加入七百毫升開水，外鍋加入八百毫升的水，按下開關煮至開關跳起。**五**・將步驟四再加入三百毫升的水至外鍋，重複煮一次至開開關跳起即可，紅豆泥最後放入砂糖攪拌即可。**六**・奶酪呈盤後，加入少許紅豆泥跟薄荷作排飾。

奶酪，Milk Panna Cotta，是許多孩子留戀在餐桌的最後一道甜品。

這道甜點利用義式的傳統奶酪作法，加入台灣茶的新原素，以碧螺春的鮮爽和乾淨的氣質，搭配香醇的牛奶與滑細的鮮奶油，不但可提升香氣層次，還可以讓整體口感濃而不膩。

最後配上甜蜜綿細的紅豆泥與清涼薄荷，各自強烈卻不衝突的和諧滋味，步驟單純，回味無窮。而這樣的層次搭配，有些東方的神秘感，卻有依舊保有原味單純的義式甜點精神。

茶點

5 Panna Cotta

戀戀碧螺春白生巧克力

材料

白巧克力（可調溫的巧克力鈕釦）	二百一十克
無鹽奶油	二十五克
動物性鮮奶油	一百毫升
碧螺春茶粉	八克
糖粉	少許

步驟

一・將鮮奶油、碧螺春茶粉放入鍋中，加熱至沸騰後關火。**二**・蓋上蓋子五分鐘，茶粉過篩取出，鮮奶油備用。**三**・把巧克力及奶油切碎後，放入攪拌碗中，隔水加熱（勿讓水超過四十五度）。等待完全融化，分次將碧螺春鮮奶油拌入，使其呈現油亮且滑順的糊狀，即可放入模具內。**四**・待成品降溫，放入冷藏二至三小時，即可脫模。**五**・可取一大平盤將模具盛於上，再以隔水加熱方式脫模（請用四十五度左右的熱水）。**六**・取出後切成想要的大小，再灑上少許糖粉裝飾即可。

白巧克力的微甜，與茶的微苦，是天生一對。台灣僅存的炒菁綠茶碧螺春，以青心甘仔為品種，擁有著綠茶鮮爽與若有似無的淺淡花香，還有獨有的蔬菜蒸青味，很能夠與有與奶油底的甜品做調配，能彰其美而不奪其香。

白巧克力的輕甜混著奶油細滑，輕咬開後，會如同拂曉一層層暈染在海面上，和煦著開始。而再來蹦出的滿口茶香，是逐漸揚起強烈奪目的陽光。而鮮奶油如繞指糾纏的綿細滑嫩，讓整體更為細膩。

這是一首看似簡單但很容易失敗的甜點，請特別留意融化巧克力時，不要加熱過度，否則可可焦化會產生分離的狀態。

茶點

6　White Chocolate

絲絨紅玉黑生巧克力

材料

黑巧克力（可調溫的巧克力鈕釦）	二百一十克
無鹽奶油	二十五克
鮮奶油	一百毫升
蜂密	五克
紅玉紅茶	八克
可可粉	少許
食用性金箔	少許（依個人喜好添加）

步驟

一・將鮮奶油、紅茶加熱至沸騰後關火，加入蜂蜜後，蓋上蓋子五分鐘後，將茶葉過篩取出後，完成的鮮奶油備用。**二**・切碎巧克力及奶油，放入攪拌碗中，隔水加熱（勿讓水超過五十度）。完全融化後，分次將紅茶鮮奶油拌入，使其呈現亮亮且滑順的糊狀，即可放入模具內，**三**・待成品降溫後，冷藏二至三小時，即可取出切成想要的大小，再灑上少許可可粉即可。

在濃厚的甜蜜蜜的巧克力味中，隱約卻又張揚的散發出茶香，一口口都是絲綢般地滑順。

大葉種的紅玉紅茶，品種本身就帶著奔放、富饒、飽和、衝進十足的茶體，很能夠駕馭黑巧克力與蜂蜜那濃郁、甜美、帶些奢華極富幻想的風味，彼此的結合，尤其紅玉尾韻的的微肉桂、薄荷涼，又使得黑巧克力多了一層神秘的遐想。

生巧克力一詞源自於日本，表示使用巧克力與鮮奶油或奶油等乳品調和製成，目的使口感順潤。特地再提醒一下，融化巧克力時，不要加熱過度，否則可可焦化會產生分離的狀態。

茶點

7 Black Chocolate

蜜香紅茶
童話
貝殼費南雪

材料

無鹽奶油	七十五克
蜂蜜	五克
砂糖	一百克
杏仁粉	三十克
榛果粉	十五克
蜜香紅茶粉	八克
低筋麵粉	二十克
高筋麵粉	二十克
小蘇打粉	一克
蛋白	一百一十克

步驟

一・先將模具放冰箱冷確後，再塗上融化的奶油，再用篩網在模具上，篩上少許高筋麵粉，再放回冰箱待用，如此會比較好脫模。**二**・將奶油加熱至有一點咖啡色後，關火，加入蜂蜜。**三**・將砂糖、杏仁粉、榛果粉、茶粉，加入攪拌碗混合後，再加入低筋與高筋的麵粉及小蘇打粉，拌均勻。**四**・將蛋白打散後分次加入，第一次先加三分之一，先打一下，再加少許，直至加完後，再將蜂蜜奶油加入。拌均勻。**五**・烤箱預熱一九〇度，將步驟四的混合液倒入模具至八分滿的程度後，再以一九〇度八至十分鐘後，將烤箱溫度調低至一五〇度，將烤盤轉頭再烤十分鐘。**六**・烤完後放涼，即可密封起來。

不知道小美人魚，有沒有愛吃的點心呢？如果她跑到陸地上來玩，想請她吃吃這充滿甜蜜茶香的貝殼費南雪。 小葉種做出的紅茶多數有種溫柔甜美感，收斂性較低。透過發酵後的蜂蜜味、麥芽糖甜與紅心蜜地瓜的風土味，入口後與奶油的相遇，潤口感帶出，緊接著杏仁、榛果的木質混著蜜香竄出，而最後嘴中蹦出微微回甘茶香，就如同在愛麗絲夢遊仙境般的午茶，活潑而歡樂。

茶點

8 Financier

四季春蜜番茄瑪德蓮

材料

無鹽奶油	五十克
蜂蜜	十克
雞蛋	一個
低筋麵粉	五十克
四季春茶粉	五克
小蘇打粉	二克
砂糖	四十五克
蜜番茄碎	十克

步驟

一・先將模具放冰箱冷卻後，塗上融化的奶油，再用篩網在模具上，篩上少許高筋麵粉，然後放回冰箱待用，如此會比較好脫模。**二**・將奶油加熱至呈現焦糖色後關火，加入蜂蜜。**三**・取一攪拌盆，將低筋麵粉、四季春茶粉，小蘇打粉，及砂糖攪拌均勻，加入雞蛋打散，放入步驟二的奶油，打勻後，即成麵糊。**四**・將麵糊放至模具至八分滿，再放入切碎蜜番茄少許，烤入預熱的一九〇度烤箱，烤十分鐘，將烤箱溫度調低至一五〇度，將烤盤轉頭再烤十分鐘，即可脫模。

瑪德蓮是一種傳統法式的小點心，多以小巧貝殼形狀呈現，以鬆軟且口感濃郁的蛋糕體為主軸。其特殊的風味來自於奶油煮至焦糖化，使之呈現太妃糖的香甜味。

而茶的清香感中和了奶油與蜂蜜的強烈與膩口，蜜番茄碎丁讓整體口感更有厚度與轉折。就像是涼爽秋日下，登高一呼三五好友同至草地上野餐，百花齊放的歡樂感。非常適合搭配較為清爽的冷泡的綠茶或白酒。

茶點

9 Madeleines